cán
蚕

sī
丝

中国农业的『四大发明』

王思明　丛书主编
高国金　著

中国科学技术出版社
·北　京·

图书在版编目（CIP）数据

蚕丝 / 高国金著 . -- 北京：中国科学技术出版社，2021.8
（中国农业的“四大发明” / 王思明主编）
ISBN 978-7-5046-8871-2

Ⅰ . ①蚕… Ⅱ . ①高… Ⅲ . ①蚕桑生产—农业史—研究—中国 Ⅳ . ① S88-092

中国版本图书馆 CIP 数据核字（2020）第 206373 号

总 策 划　秦德继
策划编辑　李　锢　许　慧
责任编辑　李　锢　张敬一
版式设计　锋尚设计
封面设计　锋尚设计
责任校对　吕传新　邓雪梅
责任印制　马宇晨

出　　版　中国科学技术出版社
发　　行　中国科学技术出版社有限公司发行部
地　　址　北京市海淀区中关村南大街 16 号
邮　　编　100081
发行电话　010-62173865
传　　真　010-62173081
网　　址　http://www.cspbooks.com.cn

开　　本　710mm × 1000mm　1/16
字　　数　177 千字
印　　张　14
版　　次　2021 年 8 月第 1 版
印　　次　2021 年 8 月第 1 次印刷
印　　刷　北京盛通印刷股份有限公司
书　　号　ISBN 978-7-5046-8871-2 / S · 775
定　　价　68.00 元

丛书编委会

主编

王思明

成员

高国金
龚　珍
刘馨秋
石　慧

序言

谈到中国对世界文明的贡献，人们立刻想到“四大发明”，但这并非中国人的总结，而是近代西方人提出的概念。培根（Francis Bacon，1561—1626）最早提到中国的“三大发明”（印刷术、火药和指南针）。19世纪末，英国汉学家艾约瑟（Joseph Edkins，1823—1905）在此基础上加入了“造纸”，从此“四大发明”不胫而走，享誉世界。事实上，中国古代发明创造数不胜数，有不少发明的重要性和影响力绝不亚于传统的“四大发明”。李约瑟（Joseph Needham）所著《中国的科学与文明》（*Science & Civilization in China*）所列中国古代重要的科技发明就有26项之多。

传统文明的本质是农业文明。中国自古以农立国，农耕文化丰富而灿烂。据俄国著名生物学家瓦维洛夫（Nikolai Ivanovich Vavilov, 1887—1943）的调查研究，世界上有八大作物起源中心，中国为最重要的起源中心之一。世界上最重要的640种作物中，起源于中国的有136种，约占总数的1/5。其中，稻作栽培、大豆生产、养蚕缫丝和种茶制茶更被誉为中国农业的“四大发明”[1]，对世界文明的发展产生了广泛而深远的影响。

---

1 王思明. 丝绸之路农业交流对世界农业文明发展的影响. 内蒙古社会科学（汉文版），2017（3）：1-8.

中国农业的『四大发明』

蚕丝

中国是世界最早发明养蚕缫丝的国家。

传说黄帝妃子嫘祖发明了养蚕。考古学家在河南舞阳贾湖史前遗址遗骸腹品中，检测到了蚕丝蛋白的残留物及骨针等编织工具，表明中国先民早在8500年前已开始利用蚕丝。

山西夏县西阴村出土了一个距今5000年的蚕茧。湖南长沙马王堆汉墓出土的素纱单衣，精美华丽，薄如蝉翼，重量只有49克。可见，中国古代养蚕缫丝的技术达到了令人惊叹的高度。西方在希腊、罗马时代就知道中国的丝绸，他们将蚕称为“Ser”，称中国为“Seres”（丝国），“赛里斯”即成为中国的代称。也因为历史上很长一段时间丝绸和丝织品是中外经济与文化交流的重要物品，李希霍芬（Ferdinand Freiherr von Richthofen）在1877年描述这些中外交通之路时称其为“丝路之路”。

世界上所有国家的蚕种和育蚕术大多源自中国。公元前11世纪，蚕种和育蚕术传入朝鲜，243年之前日本已有丝织业，3世纪后半叶进入西亚，4世纪前南传进入越南、泰国、缅甸等国家，复经东南亚传入印度，6世纪传入拜占庭帝国，7世纪已至阿拉伯和埃及，8世纪始见于西班牙，11世纪再到意大利，15世纪抵达法国，英国人再在17世纪将其引入美洲。

19世纪中期以前中国生丝对欧洲出口长期占据整个西方市场生丝出口的70%以上。然而，19世纪末，尤其是20世纪初期，中国在蚕丝生产上的优势地位为日本所取代，日本占据了西方蚕丝市场的70%。蚕丝业被称为日本经济起飞的“功勋产业”。目前，世界蚕丝生产国已达40多个，中国仍然是蚕丝生产大国，年产量约占世界总量的70%，次为印度、乌兹别克斯坦、巴西、泰国。

世界农业文明是一个多元交汇的体系。这一文明体系由不同历史时期、不同国家和地区的农业相互交流、相互融合而成。任何交流都是双向互动的。如同西亚小麦和美洲玉米在中国的引进推广改变了中国农业生产的结构一样，中国传统农耕文化对外传播对世界农业文明的发展也产生了广泛而深远的影响。中华农业文明研究院应中国科学技术出版社之邀编撰这套丛书的目的，一方面是希望大众对古代中国农业的发明创造能有一个基本的认识，了解中华文明形成和发展的重要物质支撑；另一方面，也希望读者通过这套丛书理解中国农业对世界农耕文明发展的影响，从而增强中华民族的自信心。

王思明

2021 年 3 月于南京

前言

中国农业的“四大发明”是中华农业文明研究院王思明院长经过多年学术积累形成的概念。“蚕丝”作为中国农业“四大发明”之一，影响深远。中国传统社会农桑并举，蚕桑丝织涉及的技术、生产、生活、经营、习俗等是小民营生的重要内容，蚕桑丝织涉及的政治、经济、文化、思想等是历代王朝治理的重要环节。

前人研究主要有：丝绸史，赵丰等出版研究成果已相当丰硕。纺织史，相关研究已出现兼顾纺织与蚕桑的新成果。科技考古，刘兴林等早已将丝织与考古相结合。蚕桑文化，顾希佳较早开启文化习俗研究。蚕业史，以蒋猷龙《中国蚕业史》为代表关注蚕书与技术领域成果颇多。目前，周匡明、章楷、唐志强等出版著作已经兼顾古籍、技术、蚕业、丝绸、贸易、文化等内容。借鉴前人研究成果，《蚕丝》试图囊括蚕、桑、丝、织四个领域；着重增加了蚕桑技术、生产、贸易、祭祀、禁忌、习俗、诗词等篇幅，以体现农业“四大发明”中“农”这一内涵；着重提炼丝织、丝绸、考古、文物、文化、艺术等内容，以此体现蚕桑丝织对中国文明乃至世界文明深入且广泛的影响。

《蚕丝》以蚕桑丝织发展史为脉络，突出历史阶段特征，最大限度展示蚕桑丝织的历史概况。全书分为六章，每章内容分布略有差异，前四章内容较均衡，后两章内容较丰富。宋元明清时期蚕桑丝织撰写素材较多，体现蚕桑丝织的技术成熟与发展巅峰。近代以来，更加注重蚕桑丝织技术科学化的转向，展示传统技术与近代科学的碰撞与融合，不断走向世界的强大生命力。

丛书编委会以坚持打造高端科普精品为目标，出版定位兼具学术性与科普性，注重图文并茂，通俗易懂。书中特别注重知识丰富性、文字简洁性、联系紧密性、内容全面性、学术前沿性、题材新颖性、素材经典性，使读者能够较快获取信息，满足不同读者阅读需求。

《蚕丝》特色之一是选用大量插图。博物馆文物原图保证了史料的真实性，准确性，更能诠释文字。我长期从事本科生通识课“博物馆与文物鉴赏”教学，掌握了一些将知识通俗传播给读者的教学方法，贯彻行走中体验文化，让文物活起来等与读者产生共鸣的理念。平时注重拍摄馆藏文物的习惯，让我积累了大量蚕桑丝织文物素材。比如，邹城孟庙孟母断机处碑实物；山东省博物馆与南京博物院纺织石刻；中国人民大学博物馆缫丝局股票等。《蚕丝》所选文物插图注明了馆藏信息，以便读者前往参观鉴赏。精选古籍中的插图制作成线图，可以呈现图画原有的历史韵味，为文字提供可靠知识解读。我在撰写过程中翻阅了大量蚕桑类古籍，拣选有价值且足够精美的插图，增加本书美观度与历史感。《蚕丝》还选用大量档案、稿本、善本、手写本以及一些从未问世的稀见古籍图片，最大限度地增加本书的知识性、专业性、学术性、前沿性。

《蚕丝》历时一年半撰写与编排过程，实属不易。感谢王思明院长对我的信任，感谢秦德继总编的大力支持，感激之情无以言表。感谢中国科学技术出版社李镅老师对该书倾注了无数心血。感谢各位编辑老师对稿件编排精益求精。感谢全国农业展览馆唐志强老师、中国丝绸博物馆罗铁家老师，以及几位课上学生提供图片。感谢敦煌研究院、广东省博物馆、故宫博物院、甘肃省博物馆、高台县博物馆、贵州省博物馆、湖南省博物馆、荆州博物馆、昆明市博物馆、洛阳古代艺术博物馆、四川博物院、苏州丝绸博物馆、上海博物馆、山西博物馆、温州博物馆、宜宾市博物院、中国国家博物馆、中国丝绸博物馆、浙江省博物馆等二十余家博物馆提供图片授权，感谢诸位图片拍摄者，没有你们提供精美的图片，不可能完成《蚕丝》。以上拍摄者和所属单位均已注明版权。

高国金

2021 年 3 月于山东

第四章

异乡为客

隋唐时期蚕桑丝织的南移与外传

第五章

惊艳世人

宋元明清蚕桑丝织的精湛与繁荣

第六章

枯树新芽

近代以来蚕桑丝织的曲折与新生

目录

第一章

懵懂崇拜

远古时期蚕桑丝织起源与传说

中国是世界上最早开始养蚕缫丝的国家，自古以来，总是以农桑并重概括民生衣食，足见蚕桑业在中华农业文明中的重要地位。随着考古发展，越来越多关于蚕桑丝织的文物与史料被发现，逐渐证实了养蚕缫丝起源于中国。远古传说又为养蚕缫丝的起始提供了许多线索，也为我们提供了充足的蚕桑丝织文化素材。

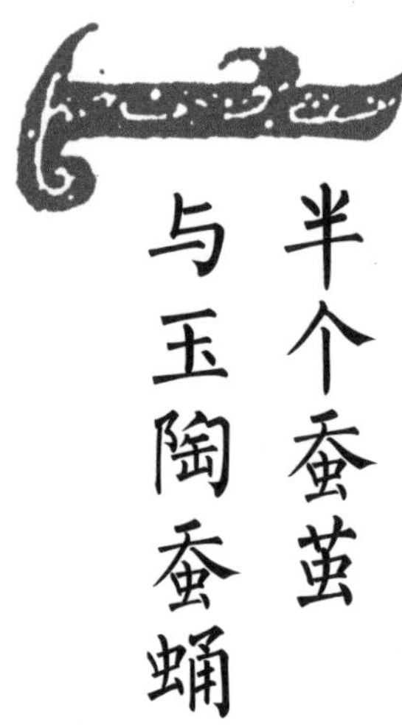

第一节 半个蚕茧与玉陶蚕蛹

中国是古老的丝绸之国，古代中国即已通过『丝绸之路』将精美绝伦的丝绸制品输送到世界各地，推动了世界农业文明的进步与发展。中国养蚕织丝的历史可追溯到新石器时代，原始人类以毛皮、麻为衣着材料，那时蚕丝文化遗存就已零星可见。新石器时代典型的文化遗存主要有：仰韶文化、红山文化、贾湖文化、良渚文化等，这些文化遗址中发现的重要相关文物成为当时古人使用蚕丝的证明。

1926年，考古学家在山西夏县西阴村的仰韶文化[1]遗址中发现了一件令世人瞩目的文物——半个人工切割下来的蚕茧标本。经确认，这半个现珍藏于台北故宫博物院的蚕茧，成为中国远古即已开始养蚕的重要实物证据。山西夏县西阴村半个仰韶文化蚕茧的出现，证实了早在夏代以前，晋南广大地区就已经开始了人工养蚕，那里也成为中国北方人工养蚕的最早起源地。

---

1 仰韶文化是黄河中游地区一种重要的新石器时代彩陶文化，距今7000～5000年，分布中心在整个黄河支流汇集的关中豫西晋南地区。1921年，遗址首次发现于河南省三门峡市渑池县仰韶村，按照考古惯例命名为“仰韶文化”。仰韶文化是中华民族远古先民的文化遗存，考古认为“华夏”一词中，“华”的概念应该出自仰韶文化。

半个仰韶文化蚕茧·山西夏县西阴村出土

| 王宪明　绘，原件藏于台北故宫博物院 |

已故现代考古学家

夏鼐 认为：

我国的养蚕文化基本上是从黄河中下游和沿长江中下游两条干线发展起来的。虽然起始时代有所差异，但南北人民都是独立地创造了各自的养蚕文化。

如果把20世纪20年代中期山西夏县西阴仰韶文化晚期遗址所出土的半个人工割裂的蚕茧标本与20世纪70年代在山西夏县东下冯遗址及汾水下游涑水流域的同类遗址发现的茧形窖穴和《诗经》中所反映的情况联系在一起考虑的话，问题就会更清楚一些，这不是某种巧合，而是人们长期养蚕，对蚕茧的形状功能有了足够的认识，并加以仿照运用的实际表现。这说明，早在夏代以前，晋南广大地区已经开始人工养蚕是比较可靠的，同时作为我国北方人工养蚕的最早起源地也是比较可信的。从而再次为西阴遗址所出土的蚕茧标本属家蚕之茧提供了例证。

红山文化[1]出土了大量石耜农具与蚕神崇拜器物。目前，大多数学者都对“4000多年前全球普遍气候突变说”持认同态度。燕山以北辽河上游在5000年前曾是气候温暖湿润的农桑乐土，但在经历了突如其来的降温与干旱后，曾经辉煌一时的红山文化骤然消失，红山人则被迫举族南迁。有学者推测，红山人南迁成为后来的商人。这一观点从古书记载的商之始祖“契居亳”“肃慎、燕、亳，吾北土也”，以及“自契至于成汤，八迁”等，均可得到印证。

商后期玉蚕·安阳殷墟出土

| 中国国家博物馆藏 |

呈扁圆长方形，头大身细，白色。

商代的墓葬发掘出土中就有玉雕蚕即玉蚕。如河南安阳殷墟出土的一件商代玉蚕，以及从西周、春秋和战国时期的许多墓葬中也出土了大量玉蚕，形状有直身形、弯曲形和璜形等。

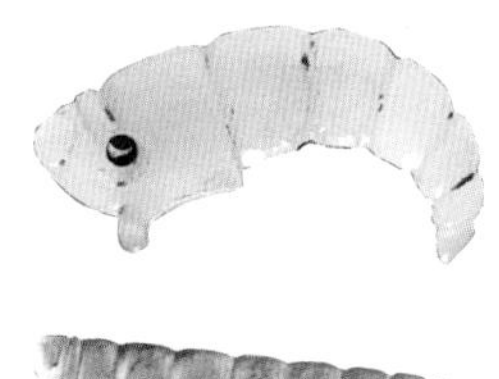

玉蚕佩·西周墓出土

| 中国国家博物馆藏 |

玉蚕是红山文化的一类典型玉器，呈现了红山文化所处历史时期中国古代先民对大自然未解之谜的想象。当时，人们无法解释蚕吐丝的现象，进而对蚕产生了崇拜，并将其敬为蚕神。由此推知当时社会的基本经济形态，农桑是中国社会的衣食之根本，自上古时代即是如此。而玉蚕出现，说明红山文化时期，蚕桑已成为当时社会重要的经济形式。

古玉蚕·科尔沁战国墓出土

| 王宪明　绘 |

---

1 红山文化是华夏文明最早的遗迹之一，距今6000～5000年，发源于中国内蒙古中南部至东北西部一带。遗址最早发现于1921年，因1935年首先对赤峰东郊红山后遗址进行发掘而命名。20世纪70年代以后，考古发掘遗址分布范围广泛。

1981 年，河北省石家庄正定县南杨庄村出土的一枚酷似蚕蛹的陶器，为判断中国养蚕最早开始的时间提供了依据。这枚黄灰色、神似蚕蛹的陶质小器物，经中国科学院动物研究所昆虫学专家郭郛严格鉴定，确定为仿照家蚕蚕蛹烧制而成的陶质蚕蛹模型。又经北京大学研究所测定，明确其烧制年代为距今 5400 ± 70 年，远早于成书于战国时期或两汉之间《夏小正》记载有关夏代“三月……摄桑，……妾子始蚕”等物候知识，亦早于黄帝时代。

这枚蚕蛹陶器的发现说明，中国可资考证的养蚕、缫丝、纺织技术至晚也应该出现在距今 5400 ± 70 年，地点就在南杨庄附近。此外，南杨庄还出土了陶纺轮，即石制，中间打孔，可用于纺线；骨针，即通体磨光，上粗下细，两端磨尖，顶端穿孔，可用于织布；骨匕，即一端穿孔，磨成柳叶形，通体扁平，“既能理丝，又可打纬”，也是织布工具；还有骨锥、两端器等，大多磨制精细，均为加工工具，多用于纺织等。这些文物都是当时家庭养蚕的重要证据，可见南杨庄附近的古代先民已经掌握了相当程度的养蚕丝织技术。

世界上最早的蚕蛹陶器 · 南杨庄村出土

| 王宪明　绘 |

新石器时代陶蚕蛹 · 浙川下王岗遗址出土

| 王宪明　绘，原件藏于河南博物院 |

河南舞阳贾湖遗址[1]出土的一大批文物，如骨针、纺轮等，以及在许多陶器上都出现的绳纹、网纹和席纹等，加上考古出土最早的纺轮，都说明中国丝绸产业至少拥有8000年的历史。考古学家在贾湖遗址两处墓葬人遗骸的腹部土壤样品中，检测到了蚕丝蛋白残留物。再对遗址中发现的编织工具和骨针综合分析认为，当地古代先民已经掌握了基本的编织和缝纫技艺，且已有意识地利用蚕丝纤维制作丝绸。这些考古学证据，将中国丝绸出现的时间提前了近4000年，证实了中国是首个发明蚕丝和利用蚕丝的国家。

中国的蚕桑丝织历史可以追溯到新石器时代。在新石器时代遗址中，浙江吴兴钱山漾[2]出土的绢片和丝带，经鉴定确认为家蚕丝，说明当时长江流域的中国先民已经人工饲养家蚕。钱山漾出土的绢片、丝带、丝线被认为是世界上迄今发现最早的丝织品。钱山漾遗址也因此被称为“世界丝绸之源”。

---

1 贾湖遗址是淮河流域迄今所知年代最早的新石器时代文化遗存，距今9000～7500年，位于河南省舞阳县北舞渡镇西南的贾湖村。遗址发现于20世纪60年代初，先后经历8次考古发掘，发现重要遗迹数以千计，文化积淀极其丰厚，再现了淮河上游八九千年前的辉煌，与同时期西亚两河流域的远古文化相映生辉。

2 钱山漾文化是良渚文化消亡后的一种全新文化类型，距今4200～4000年，位于浙江省湖州市城南钱山漾东岸南头。1934年夏湖州人慎微之发现，分别于1956年、1958年、2005年、2008年进行了4次发掘，遗存处于良渚文化和马桥文化之间。学界认为，它与年代稍晚的广富林文化一起，可填补长江下游环太湖地区新石器时代晚期文化原序列中，从良渚文化到马桥文化之间的缺环。

钱山漾遗址出土丝线

丨罗铁家摄于湖州市博物馆丨

钱山漾遗址出土的绢片、丝带等丝麻织物表明，早在4700多年前的新石器时代晚期，湖州先民已经开始从事种桑、养蚕、缫丝和纺织绸绢活动。

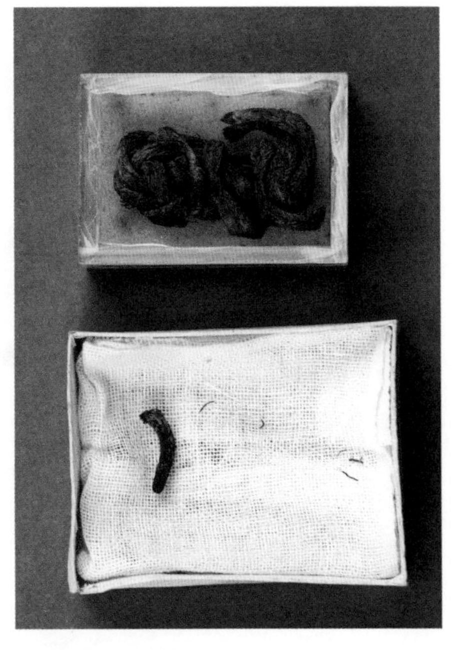

新石器时代良渚文化[1]丝带

丨浙江省博物馆提供丨

丝带出土时已经揉作一团，无法正确量定长度，宽约0.5厘米。编织方法与现代的草帽鞭一样，有着两排平行的人字形织纹，体扁，但靠近尾端一节呈圆形。

1 良渚文化是长江下游地区的远古文明，距今5300～4300年，分布中心在钱塘江流域和太湖流域，遗址中心位于杭州市余杭区西北部瓶窑镇。遗址于1936年被发现，依照考古惯例命名为良渚文化，实证中华五千年的新石器时代人类文化史。该文化遗址的最大特色是所出土的玉器。

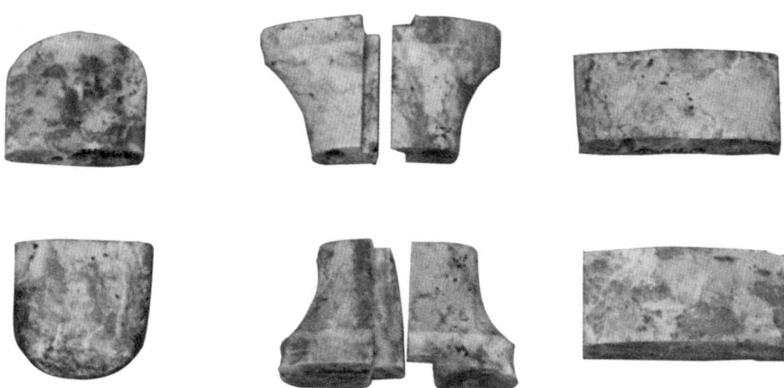

良渚腰机玉饰·余杭良渚文化墓地出土

| 良渚博物院藏 |

该玉质腰机是新石器时代原始织机最为完整的发现。此套织机玉饰件共有三对六件，出土时对称分布于两侧，相距约35厘米，可组成一台原始腰机。

纺轮·钱山漾遗址出土

| 罗铁家摄于湖州市博物馆 |

装有丝织品的瓮棺 · 河南荥阳汪沟遗址出土

| 王宪明　绘 |

然而根据中国考古所见最早的丝织物，出现在距今约 5500 年的仰韶文化中期。2019 年，中国丝绸博物馆和郑州市文物考古研究院共同宣布了仰韶时期的丝绸新发现：在黄河流域的河南荥阳汪沟仰韶文化遗址发现的丝织物，确认是目前中国发现现存最早的丝织品，距今 5000 多年。

中国丝绸博物馆馆长

赵丰 陈述：

1926 年山西夏县西阴村仰韶文化遗址中发现的半个蚕茧，是人类利用蚕茧的实证；1958 年浙江吴兴钱山漾遗址发现的家蚕丝线、丝带和绢片，是长江流域出现丝绸的实证；1983 年河南青台遗址出土瓮棺葬中的丝绸残痕，是黄河流域出现丝绸的实证，也被认为是中国发现最早的丝织品。但是河南荥阳青台遗址出土的丝织品没有保留下来，这个物证就没有了。在距离青台遗址不远的汪沟遗址，又挖出了 5000 多年前的丝织品实物，我们终于有了第一手的实物资料去证实早在 5000 多年前中国就已经有丝绸的存在，而且用我们的新技术手段也证实新发现的丝织品是家蚕丝。

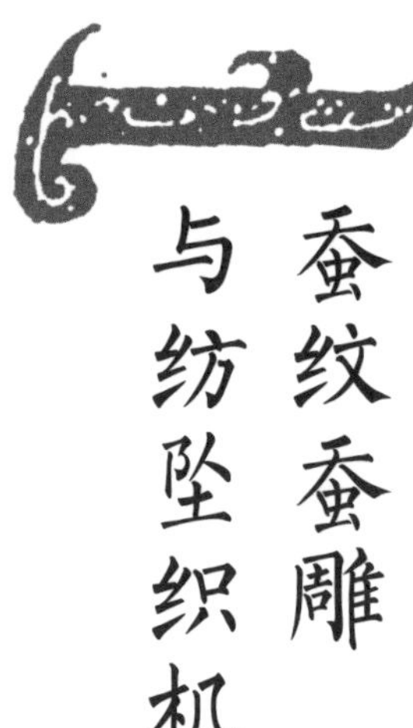

第二节 蚕纹蚕雕与纺坠织机

新石器时代，服饰已经是中国古代先民日常生活的重要内容。各地出土了大量纺织工具及配件，说明原始人类初步掌握了磨制技能与纺织技术。随着对蚕丝的利用，人们开始刻画蚕纹与打磨蚕雕。蚕桑相关的艺术形式成为原始人类日常生活的组成部分。

发现于浙江河姆渡文化遗址的这枚牙雕小盅，距今约6500年，其上所刻蚕纹图案已被证明是家蚕，这枚牙雕小盅也因此被视为野蚕人工驯化之始。而目前学界认为，长江流域从野蚕驯化为家蚕的过程比黄河流域明确。从崧泽文化[1]遗址中层的孢粉分析可知，崧泽文化时期已经有了人工栽桑、养蚕的可能。

---

1 崧泽文化是长江下游太湖流域重要文化阶段，距今6000～5300年，属新石器时代母系社会向父系社会过渡阶段。1958年，崧泽遗址首次在上海市青浦区崧泽村发现，之后有计划地发掘出古墓100座，众多出土遗存证明崧泽人是上海人最早的祖先。1982年中国考古年会认定崧泽文化介于以嘉兴为中心的马家浜文化和以余杭为中心的良渚文化之间。

牙雕小盅：新石器时代河姆渡文化蚕纹象牙杖首饰

| 韩志强摄于浙江省博物馆 |

代表野茧人工驯化之始。

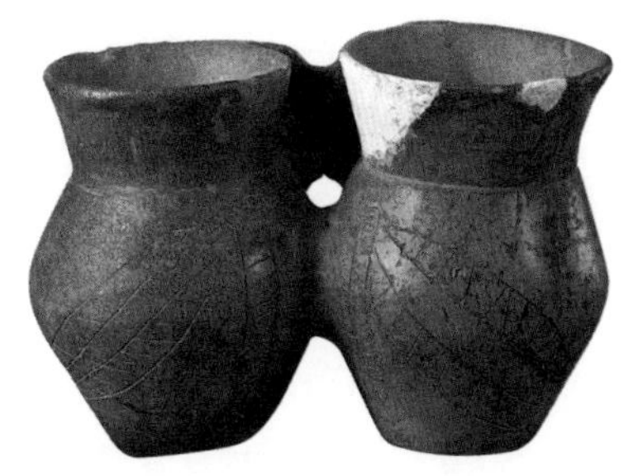

蚕纹二联陶罐

| 甘肃省博物馆藏 |

牙雕蚕 · 双槐树遗址出土

| 王宪明　绘，原件藏于河南博物院 |

这只用野猪獠牙雕刻而成的蚕，造型与现代家蚕相似。专家根据蚕的整体造型及头昂尾翘的绷紧“C”形姿态，推测这是一只处于吐丝阶段的家蚕。从先民选材野猪獠牙做雕刻可以发现牙雕蚕工艺之精巧。獠牙材质基本透明，符合蚕吐丝阶段体态透明的特点；而牙雕蚕的一侧是野猪獠牙的原始表面，形似吐丝阶段的蚕体发黄。

牙雕蚕是中国目前发现的最早的蚕雕艺术品。出土于河南巩义双槐树遗址[1]的这枚牙雕蚕，距今已有5000多年。结合附近青台、汪沟遗址发现的仰韶时期丝绸来看，当时中原地区的先民已经掌握了养蚕缫丝技术。

---

1 双槐树遗址地处河洛文化中心区，是华夏文明发祥地的核心地区之一。2013年以来，多家考古单位联合对双槐树遗址开展了调查勘探与考古发掘。双槐树遗址的出土文物中有仰韶文化晚期完整的精美彩陶，以及与丝绸制作工艺相关的骨针、石刀、纺轮等。这些证实双槐树遗址是一处距今5300～4800年仰韶文化晚期阶段的最大中心遗存。

中国古代纺织品采用麻、丝、毛、棉的纤维为原料，经过纺织加工成纱线，之后经编织和机织成为纺织品。机具纺织起源于5000年前新石器时代的纺轮和腰机。当时的先民已经掌握了纺织技术。

陶纺轮
| 中国丝绸博物馆藏 |

纺轮是纺坠的主要部件，而纺坠是一种最古老的纺纱工具，其出现改变了原始社会的纺织生产方式。中国大多数省市已发掘的早期遗址中，几乎都有纺轮出土。纺坠的工作原理是：操作者一手转动拈杆，另一手牵扯纤维续接。由于纺坠纺纱效率较低，纱线的拈度也不均匀，于是出现了根据纺坠工作原理制作的单锭手摇式纺车（由一个锭、一个绳轮和手柄组成）。河姆渡遗址已经发现有麻的双股线。

石纺坠
| 作者摄于西北农林科技大学中国农业历史博物馆 |

腰机是织造者席地而坐操作的“踞织机”。云南晋宁石寨山遗址出土了距今2000多年的纺织贮贝器[1]，器皿盖上就铸造着席地而织的人物形象，尤其刻画了足蹬式腰机。这种机具没有机架，织造者将卷布轴的一端系于腰间，用双足蹬住另一端的经轴，同时张紧织物，用分经棍将经纱按奇偶数分成两层，再用提综杆提起经纱，之后形成梭口，并以骨针引纬，以打纬刀打纬。腰机织造最重要的成就是采用了提综杆、分经棍和打纬刀。直到现在，中国一些传统生态保存较好的地区，或是在一些少数民族地区依然保留着古老的腰机织造技艺。

---

1 贮贝器是滇国特有的青铜器，具有浓郁的地方特色和民族风格。

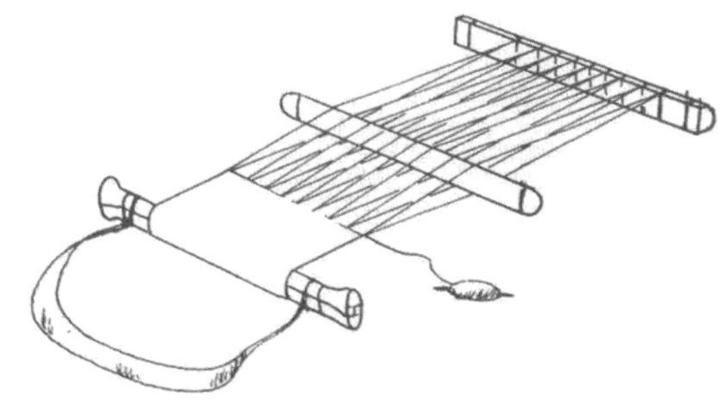

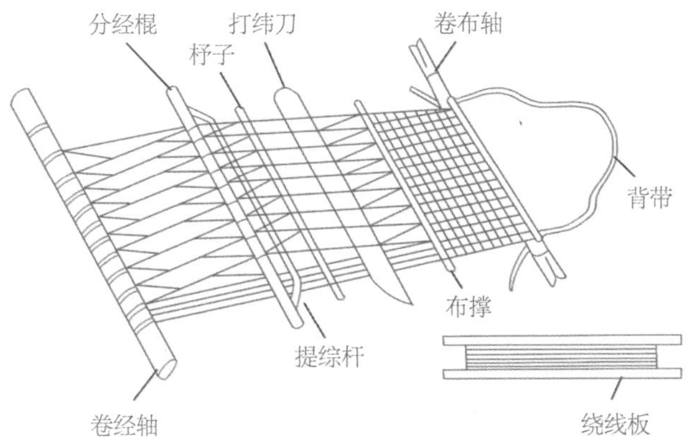

晋宁石寨山滇人腰机结构线图

| 作者摄于云南省博物馆 |

原始腰机的主要组成部件是前后两根横木，相当于现代织机上的卷布轴和卷经轴。用人代替支架，将腰带缚于织造者腰上，人与腰机两者之间没有固定的支架。另外是一个杼子、一根较粗的分经棍和一根较细的提综杆。织造时，人席地而坐，依靠两脚的位置挪动以及腰部力量来控制经丝的张力。通过分经棍把经丝分成上下两层，形成一个自然的梭口，再用竹制的提综杆，从上层的经丝上面用线垂直穿过上层经纱，把下层经纱一根根地牵吊起来。这样用手将分经棍提起便可使上下两层的位置对调，形成新的织口，进而将众多上下层的经丝均牵系于一综。当纬丝穿过织口后，再用木制打纬刀打纬。

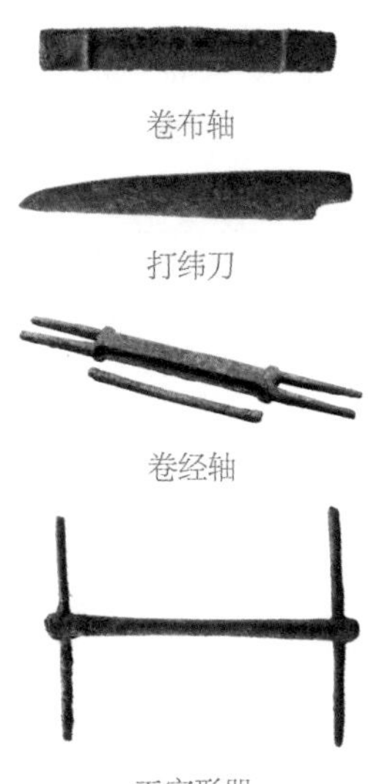

战国铜纺织工具

| 昆明市博物馆藏 |

第三节 嫘祖传说与蚕神崇拜

原始人类对自然界未知之谜产生浓厚的好奇心，宗教、占卜、巫术、神话、信仰、图腾等思维形式与崇拜产物不断出现。山川、日月、草木、动物、祖先、英雄等，都是原始人类最佳的崇拜对象。蚕桑丝织相关崇拜对象与神话人物也开始出现，现今这些传说与神话已经成为中国习俗信仰与传统文化的重要组成部分。

嫘祖，5000多年前诞生于四川省盐亭县金鸡镇嫘祖村。她是与黄帝齐名的“人文女祖”，也是中国上古传说中养蚕治丝的伟大发明家。据文献记载：“黄帝元妃西陵氏始教民蚕桑，治丝蚕以供衣服。”西陵氏即为嫘祖。司马迁《史记·五帝本纪》载：“黄帝居轩辕之丘，而娶于西陵之女，是为嫘祖。嫘祖为黄帝正妃，生二子，其后皆有天下。”轩辕黄帝的妻子嫘祖，是有史籍记载的中华民族的伟大母亲。

自周代起，嫘祖就被天子与庶民尊奉为“先蚕”，民间尊称她为“蚕神”或“行神”，亦称为“嫘姑”“丝姑”“蚕姑娘”，历代将其视为蚕神来崇拜。嫘祖“养天虫以吐经纶，始衣裳而福万民”，开启了享誉中外的丝绸文明。

黄帝元妃西陵氏及众蚕神像:《王祯农书》，嘉靖九年山东布政司刊本

先蚕坛与蚕神:《王祯农书》，嘉靖九年山东布政司刊本

中国有许多与蚕姑庙相关的遗址，分布广泛；现在还有不少与“蚕姑庙”名称有关的地名。蚕神崇拜也已经成为中华民族重要的民俗。

河南省商丘市柘城县陈青集镇梁湾村有一个蚕姑庙，始建于明嘉靖年间，重建于清乾隆年间，专门用于祭祀嫘祖，历经数百年香火不断。这座蚕姑庙楼内上下层均供奉着嫘祖塑像，墙壁上绘有蚕姑娘养蚕抽丝、刺绣插花的壁画。当地百姓将每月初九定为蚕姑庙会。

杭州的蚕庙里则是草庵村三组中的一个自然村，“蚕庙里”即以庙命名。杭嘉湖在南宋时期已是蚕桑丝织业最发达的地区，杭州的乔司、笕桥、尧典桥、蚕庙里是当时种桑、养蚕、缫丝、织绸的生产基地。到了明代以后，蚕庙、土地庙越来越常见，各地庙宇众多。

蚕神在中国古代社会具有极其重要的地位。为了向蚕神表示敬仰，表达对来年蚕业丰收的美好希冀，蚕民自发祭祀蚕神，并衍生出许多相关风俗。由此，中国蚕桑丝织的生产历史延续发展形成了丝绸文化。

茧馆：《王祯农书》，嘉靖九年山东布政司刊本

祀谢：《耕织图》，南宋楼璹原作，狩野永纳摹写，和刻本，1676 年

《原化传拾遗》记载：

古代高辛氏时期，蜀中有一名蚕女，其父被坏人劫走，只留下所乘的马匹。蚕女的母亲发誓，谁将蚕女的父亲找回，就将女儿许配给他。马听到这些话，奔驰而去，不多久就将蚕女的父亲载回。自此，马嘶鸣不肯饮食。父亲知道这件事之后，杀了马，将马皮晒在庭中。当蚕女由此经过的时候，就被马皮卷上了桑树。人们发现，姑娘和马皮悬在一棵大树上，化成了蚕，人们把蚕带回去饲养。那棵树取“丧”音叫作桑树，而身披马皮的姑娘被供奉为蚕神。又因蚕头像马，所以叫作“马头娘”。

“蚕身”金虎形饰

| 张建平摄于三星堆博物馆 |

此金虎形饰呈半圆形，有学者认为此为“蚕身”金虎，以蚕为主体而附以虎形。此饰与“蚕女马头娘”传说及祭祀“青衣神”习俗，共同构成了成都三江平原蚕丝业起源的样貌。

及阿儂別有情

祭馬頭娘迎神送神曲

鋪葦氊列華筵廟門擊鼓聲淵淵旌旗雜管絃紅男綠女邀神眷靈之來兮乘風便有輝兮蘭燭香有馨椒漿薦村巫禱祝舞且歌喁喁告語醉顏酡降康兮東風扇我宜蠶兮繭絲多　月上牖星移斗明璫翠羽流連久何事歌揚枹長簫短笛尚悠悠雲車風馬霎時休來格兮如聞見既逝兮漫勾留士女盤桓剪紅燭嘉肴旨酒共饜足歸來兮

马头娘记载：何品玉《蚕桑会粹》，光绪二十二年龙南刊本，江西省图书馆

自古以来，“蚕神献丝”与“黄帝教民养蚕缫丝”广泛流传。传说之中轩辕黄帝始教民养蚕缫丝，染五彩，正衣裳，定四时节令、权量衡度，立步制亩，八家为井，封建社会自此有了雏形。

《皇图要览》记载：“伏羲化蚕。”《通鉴外记》记载：“太昊伏羲氏化蚕桑为繐帛。”《纲鉴易知录》记载：“伏羲化蚕桑为繐帛。”

远自伏羲女娲时代，中国古代先民就已开始驯化野蚕以家养、抽丝织帛以为衣。其中蚕桑衣帛的织作也有女娲的功劳。传说伏羲派田野子、郁华子两位大臣到浮戏山养蚕制丝、织绸。这些传说进一步反映出中国蚕桑丝织起源的历史悠久。

伏羲女娲画像石与石拓

| 作者摄于山东博物馆 |

第二章

文以载绩

夏商周蚕桑丝织的兴起与发展

中国的蚕桑丝织技术在夏商西周与春秋战国时期就已得到充分发展，织造技术已然成熟。早期甲骨文中开始出现关于蚕桑的记载，春秋战国时期则有大量文学创作流传至今，影响深远。随着丝织技术水平的提高，以及丝绸产量的增加，中国开始出现一些丝织中心。目前有很多出土的文物遗存都直接反映出当时蚕桑丝织的生产过程与发达程度。

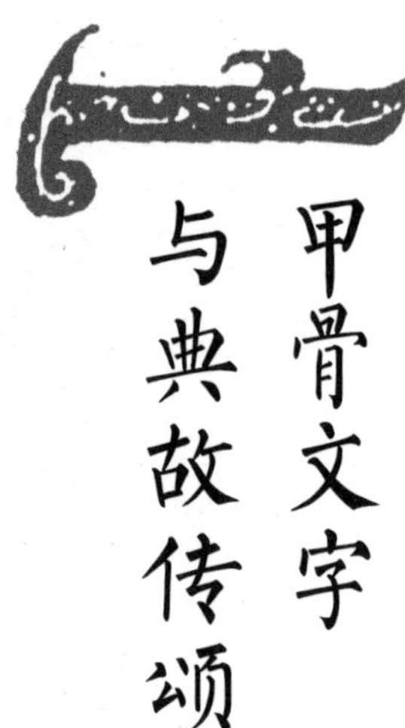

第一节 甲骨文字与典故传颂

汉字是华夏文明的重要发明，商代甲骨文出现了很多蚕桑丝织的文字记载。周代的蚕桑相关记载更多，蚕桑业发展迅速，蚕桑丝织已经成为农户的衣食之源。得益于诸子百家文化思想大发展，这一时期出现了很多蚕桑丝织典故，充分融合在日常文化创作之中，许多典故流传至今。

中国蚕业产生于距今五六千年的新石器时代晚期，至夏商西周时期已有初步发展，主要表现为当时社会对蚕业生产高度重视，栽桑养蚕业已初具规模，丝织技术亦有重大进步。商代已有“蚕神”崇拜，甲骨文中有用三头牛祭蚕的“蚕示三牢”。商代还用玉雕蚕陪葬，如安阳大司空村殷墓中出土的玉雕蚕。商代开始种植不同种类的桑树，丝织物已出现普通的平纹和文绮织法。西周则已初步形成“农桑并举”“男耕女织”的生产方式。

甲骨文与蚕桑丝织之间早就结下了缘分。目前，已经解读的殷商甲骨文里就有“蚕”“桑”“丝”“帛”等字，被作为象形文字和祭祀蚕神所记载。这充分说明商代黄河流域已经有了蚕桑和丝织业。商代甲骨文还辟出从“桑”、从“糸”等与蚕丝有关的文字 100 多个。同时，留存的能识别字义的约 1500 个甲骨文字中，“蚕”“桑”“丝”“帛”等频繁出现达 153 字之多。甲骨文中的“桑”字更具象形意义，用以代表生长着许多柔软细枝的桑树。

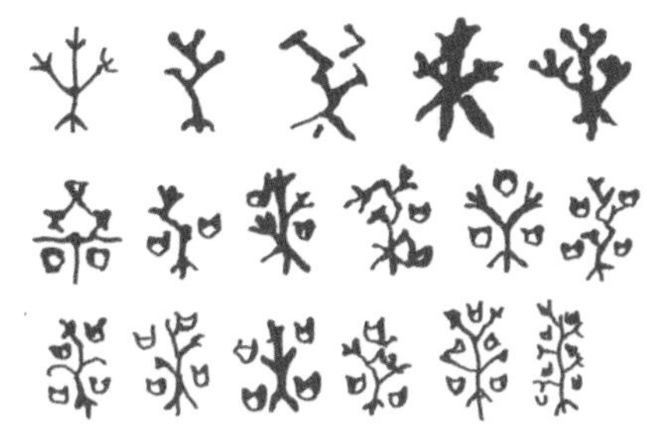

甲骨文中的“桑”字

| 王宪明　绘 |

商代含“丝”字的祭祀狩猎涂朱牛骨刻辞 · 安阳殷墟出土

| 任珉摄于中国国家博物馆，反面线图由王宪明绘制 |

甲骨文是商周时期刻在龟甲、兽骨上与占卜有关的记事文字，其中屡见有关于桑、蚕、丝的字和卜辞。此甲骨上形如两束成绞的丝缕的图形，据说是“丝”的象形字。

“乎省于蚕”线图 · 商代甲骨文

| 王宪明　绘 |

商周时期出现了很多蚕桑丝织典故，得益于诸子百家文化思想的大发展，许多典故充分融合在日常文化创作之中，流传至今，影响深远。

商汤是商代的开国帝王，也是上古圣王之一。汤为部落联盟首领时，正值夏帝桀在位。帝桀残暴，国势渐衰，民怨沸腾，汤乘机起兵，推翻了夏。汤建立商后，对内减轻征敛，鼓励农业生产，安抚各地民心，扩展统治区域，影响远至黄河上游地区，甚至连氐、羌部落都来纳贡归服。传说中商汤桑林祷雨的地点，历来争议纷呈。由于古代覃怀地区是商汤主要的活动区域之一，又是商汤兴起之地，所以说在这里比较容易令人信服。如今，焦作及其周边地区有很多汤帝庙遗存，这些地方广泛流传着商汤桑林祷雨的传说。

禱雨類
占時
地利人事無不兼備如是可種椹乎曰未也久旱時
不可種地過燥不生久雨後不可種地過溼不發惟
黃梅熟後荷花生前以新畦新椹安排停當其歌曰
坐看西山雲起時急忙種椹勿遲遲如種後數日遇
雨則苗必勃然而興之矣
桑林禱雨
每歲五六月間或種椹未生或椹生未齊天旱太甚
井涸泉枯不敷澆灌擇丙丁前吉日偕同事至桑林
謹備三牲醴酒香燭果品恭設　龍王神位虔誠禱
雨行二跪六叩禮越日叩禱一次若不設位望桑林
禱之行三跪九叩禮直局連年祈禱皆驗以民和而
神降之福也
桑林禱雨文
某官某紳惟神之靈洞燭民隱降嘉福比者歲久不
雨維農維桑備虔恪祈神之所聞古之人呼號請禱
典則斯具羣情肸蠁以康下民昭格感應神之所職
謹蘄雨澤多福
禱雨辭令兒童歌於祠下
天生蒸民有物有則民之秉彝好是懿德昭格於下
保茲天子惟天陰騭下民風雨和四時序
報賽辭亦令兒童歌之
神心天心應如響甘雨灑枝長且養神之降福德心
廣報賽神靈以歆饗

商汤桑林祷雨：卫杰《蚕桑萃编》，浙江书局刊行，1900 年

桑林祷雨：张居正《帝鉴图说》，万历元年潘允端刊本

《古本竹书纪年》载：

二十四年，大旱。王祷于桑林，雨。

《吕氏春秋》记载：

昔者汤克夏而正下，天大旱，五年不收，汤乃以身祷于桑林。

《文选·思玄赋》中李善注引《淮南子》说：

汤时，大旱七年，卜，用人祀天。汤曰：“我本卜祭为民，岂乎？自当之！”乃使人积薪，剪发及爪，自洁，居柴上，将自焚以祭天。火将然，即降大雨。

《史记·周本纪》载：

> 公刘虽在戎狄之间，复脩后稷之业，务耕种，行地宜，自漆、沮度渭，取材用，行者有资，居者有蓄积，民赖其庆。百姓怀之，多徙而保归焉。周道之兴自此始，故诗人歌乐思其德。

后稷像

| 王宪明　绘 |

公刘，姬姓，名刘，公是尊称。公刘是古代周部族的杰出首领，周后稷的第四世孙，不窋之孙，鞠陶之子，生子庆节，周文王祖先。

传说夏部落取代黄帝部落之后，后稷的儿子不窋即公刘，继续为稷官，掌管农业，一直在邰地作农官。夏后氏时，轻视农业，“弃稷不务”。公刘迁到西北边的少数民族戎狄之地，即现在关中的庆阳一带，建立了国家。他继承并重振后稷以农为本的事业，一生致力于发展农业生产，带领族人励精图治、奋发图强，使周人兴盛起来。后来，族人的生活越来越好，很多外族人也迁徙归附于他。

邹城孟庙孟母断机处碑

孟母断机杼

| 王宪明　绘 |

孟母仉氏（或为李氏），是鲁国大夫党氏的女儿，贤德，颇有见地，善于教子，是中国历史上公认的三位伟大母亲之一。孟子是中兴儒学的“亚圣”，其成为传统儒家思想体系中地位仅次于孔子的人物，离不开孟母教子有方。《三字经》中“昔孟母，择邻处；子不学，断机杼”便是千古传诵的名句，记录了孟母用“割断的纱无法变成织品”做比喻，教育孟子切勿荒废学业。孟母“断机教子”的故事，成为中国妇孺皆知的千古佳话。

战国青玉蚕纹小玉环

丨广东省博物馆藏丨

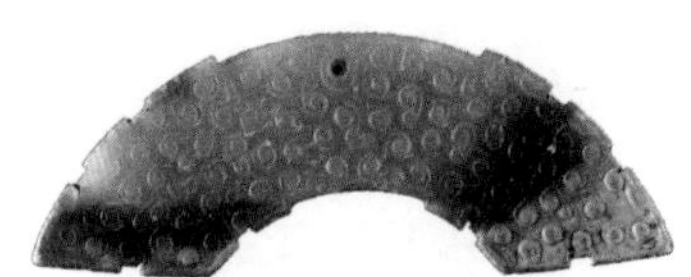

战国卧蚕纹玉璜

丨中国国家博物馆藏丨

西汉刘向《列女传·母仪传》记载：

孟子之少也，既学而归，孟母方绩，问曰：“学何所至矣？”孟子曰：“自若也。”孟母以刀断其织。孟子惧而问其故。孟母曰：“子之废学，若吾断斯织也。”

据《史记·吴太伯世家》记载，吴王僚九年（公元前518年），楚国与吴国的边邑为争采桑叶发生了纠纷，引发双方边民械斗，吴王僚遂派公子光（即后来的吴王阖闾）攻打楚国。这是中国古代文献记载中最早因争桑而引发的战争，即“争桑之战”。

中国古人常于居宅旁栽种桑树和梓树。《诗·小雅·小弁》曰“维桑与梓，必恭敬止”，是说见桑梓容易引起对父母的怀念，因而起恭敬之心，后世即以桑梓指代家乡。唐代诗人柳宗元《闻黄鹂诗》中就有“乡禽何事亦来此，今我生心忆桑梓”的感伤之句。《诗经·朱熹集传》载，“桑、梓二木。古者五亩之宅，树之墙下，以遗子孙给蚕食、具器用者也……桑梓父母所植”。东汉以来，一直以“桑梓”借指故乡或乡亲父老。

《庄子·让王》中有“桑枢瓮牖”，是说以桑条为门枢，用破瓮做窗户，形容生活极其贫寒。

汉代乐羊子中途停学，其妻亦有引刀断织以劝诫夫君的举动。《三国志·蜀志·诸葛亮传》记载：

> 羊子外出求学，一年来归。妻跪问其故。羊子曰：“久行怀思，无他异也。”妻乃引刀趋机而言曰：“此织生自蚕茧，成于机杼，一丝而累，以至于寸，累寸不已，遂成丈匹。今若断斯织也，则损失成功，稽费时月。夫子积学，当日知其所亡，以就懿德。若中道而归，何异断斯织乎？”羊子感其言，复还终业，遂七年不反。

春秋战国《墨子·天志（中）》载有，“从事乎五谷麻丝，以为民衣食之财”。将“五谷麻丝”相提并论，足以说明当时社会对养蚕的高度重视。春秋战国时期，黄河流域尤其泰山南北的齐鲁地区是当时最重要的蚕桑生产区。除了栽培乔木桑之外，也开始培育高干桑和低干桑。“战国水陆攻战纹铜壶”上就绘有高产形态的乔木桑，从“铜壶盖”则可以看到经过培育的低干桑。当时蚕已进入室内饲养，专用蚕室、成套餐具、浴种消毒、忌喂湿叶等养蚕技术普遍应用。丝产量也有所增加，质量亦有所提高。

战国水陆攻战纹铜壶

| 陈成　摄，四川博物院提供 |

战国铜壶盖上的采桑图

| 王宪明　绘，原件藏于日本国立东京博物馆 |

战国时期，丝织品已经成为大众的生活用品，采桑则成为铜壶（古人盛酒浆或粮食的器皿）等铜器上一类重要的劳作场景图案。1965 年，四川成都百花潭中学 10 号墓出土了一把宴乐采桑射猎交战图铜壶。

宴乐采桑射猎交战图壶

| 故宫博物院藏 |

壶颈部右侧的采桑歌舞图案细节丰富。在两棵茁壮的桑树上面挂着篮筐，有人正忙着采摘桑叶，有人在接应传送。树下一个形体较为高大的妇女扭腰侧胯、高扬双臂，跳起豪放的舞蹈；旁边有两个采桑女子，面向舞者击掌伴奏。整个采桑场景气氛热烈、欢快，令人神往。

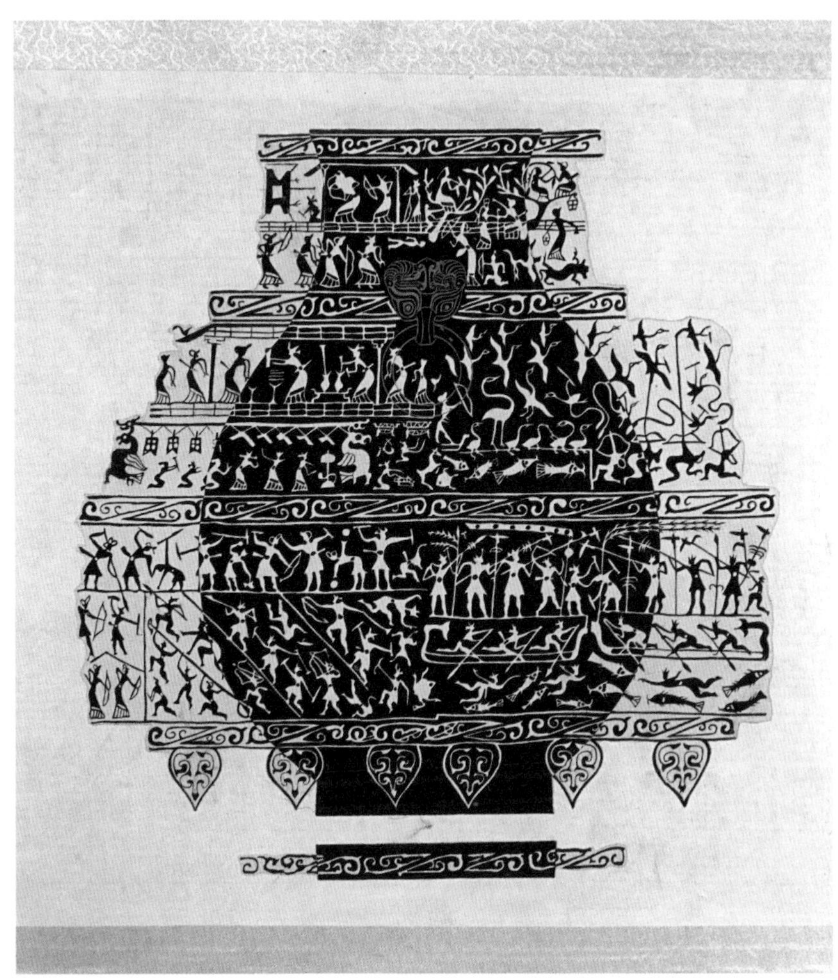

宴乐采桑射猎交战图壶展示图

丨故宫博物院藏丨

此壶颈部为第一区，上下两层，分为左右两组，主要表现采桑、射礼活动。采桑组画面树上、下共有采桑和运桑者五人。其中，妇女在桑树上采摘桑叶，可能表现的是后妃所行的蚕桑之礼。

第二节 《禹贡》桑土与《豳风》图景

伴随着农业工具的材质由石、骨、蚌、木、铜进入铁器时代，牛耕广泛使用，人们衣食所需得到保证。从地理与土壤方面，凭借着观察认知，人们已将天下分为九州，且皆宜于植桑。《豳风》等文学艺术作品中绘有优美蚕桑生活图景，呈现出的小民生活理想画卷，成为千古传诵佳话。

《禹贡》认为九州，即冀、兖、青、徐、扬、荆、豫、梁、雍，都是宜于植桑的土地。《禹贡》载："桑土既蚕，是降丘宅土。"《孔颖达疏》载："宜桑之土既得桑养蚕矣。"《史记·夏本纪》载："九河既道，雷夏既泽，雍、沮会同，桑土既蚕，于是民得下丘居土。"北魏郦道元《水经注·溰水》载："高则桑土，下则沃衍，林麓鸟兽，于何不有？"

桑是《诗经》所载出现次数最多的一类植物，超过主要粮食作物“黍”“稷”的记载次数。从诗中记载可知，当时在如今山西、山东、河南、陕西等地区的桑林、桑田极丰，且广泛植桑于宅旁和园圃之中，蚕桑生产几乎遍布黄河流域。

最早记载养蚕的文字见于《夏小正》，三月“妾子始蚕”“执养宫事”。宫，即养蚕专门使用的蚕室。《夏小正》把养蚕列为国家要政之一，足以证明当时养蚕业已经具备较大规模，必须以大范围地种植桑树来提供保障，这从“十亩之间兮，桑者闲闲兮”可见。

《诗经·七月》载：

> 春日载阳，有鸣仓庚。女执懿筐，遵彼微行，爰求柔桑。
>
> 蚕月条桑，取彼斧斨，以伐远扬，猗彼女桑。

这说的都是采桑的故事，可见当时所植大多为乔木桑，另外还有一种低矮的地桑。

战国铜钫上的采桑图

| 王宪明　绘，原件藏于台北故宫博物院 |

魏惠王因迁都大梁又称梁惠王，据《孟子·梁惠王上》记载：孟子对梁惠王说“五亩之宅，树之以桑，五十者可以衣帛矣”，即在五亩大的住宅旁边种上桑树，上了五十岁的人就可以穿丝绸了。三年桑枝，能够做老杖，可卖三钱。十年的桑枝，可以做马鞭，可以卖二十钱。十五年的桑枝，可以做弓的材料，可以做木屐。二十年的桑树，可以做轺车的材料，而一辆轺车，则值万钱上下。桑树还能做上好的马鞍，桑葚能吃，桑叶喂蚕。五亩之宅所植桑树，除去日常开销之外，满足家中老年人“衣帛”的需求实在不算是什么难事。此生活图景自古就是君主、大臣、民众共同的愿望。这句流传至今的古语，成为历代劝课蚕桑的士人与官员的信念和鼓励他们济世救民的理论依据。

孟子陈王道图：杨屾《豳风广义》，宁一堂藏版，1740 年

战国时期，荀子开创“赋”这一文学体裁，他在《赋篇》中写了《礼》《知》《云》《蚕》《箴》五赋。荀子称颂蚕桑“功被天下，为万世文”，从功立身废、事成家败、女身马头、屡化不寿、善壮拙老、有父子无牝牡、冬伏夏游、食桑吐丝、前乱后治、夏生恶暑、喜湿恶雨、三伏三起等外形变化、生活习性等方面描写，揭示家蚕眠性、化性、生殖、性别、食性、生态、结茧、缫丝和制种等养蚕缫丝的环节特征，显示战国时期养蚕、缫丝、织绸工艺的成熟程度。

荀子《蚕赋》写蚕，实则多用引喻，将蚕与当时的种种社会现象进行对比，其“蚕理”代表了一种哲学理念。到魏晋时期又有嵇康的《蚕赋》，仅存残句：“食桑而吐丝，前乱而后治。”

荀子

《蚕赋》记载：

有物于此，兮其状，屡化如神，功被天下，为万世文。礼乐以成，贵贱以分，养老长幼，待之而后存。名号不美，与暴为邻；功立而身废，事成而家败；弃其耆老，收其后世；人属所利，飞鸟所害。臣愚而不识，请占之五泰。五泰占之曰：此夫身女好而头马首者与？屡化而不寿者与？善壮而拙老者与？有父母而无牝牡者与？冬伏而夏游，食桑而吐丝，前乱而后治，夏生而恶暑，喜湿而恶雨，蛹以为母，蛾以为父，三俯三起，事乃大已，夫是之谓蚕理。

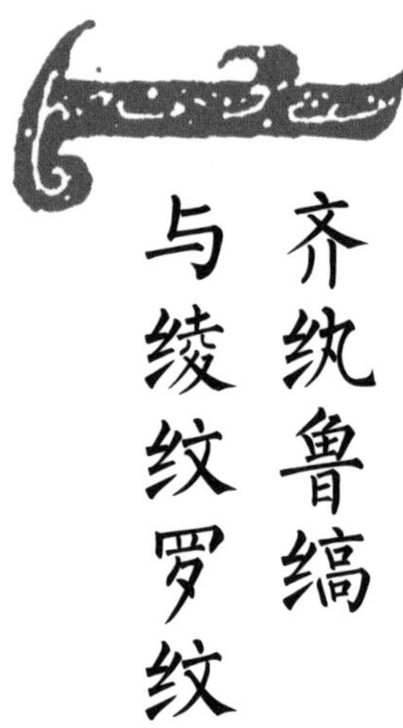

第三节 齐纨鲁缟与绫纹罗纹

商周时期，丝织手工业水平已经非常高超，蚕桑丝织技术提高主要表现在植桑、养蚕、缫丝、织绸等方面。随着社会经济发展，大众的丝织品需求不断增加，丝织、技法、图案、染色等方面都有重要进展。

商周时期，古代中国丝织手工业水平之高超从这一时期的出土文物中可见一斑。福建武夷山崖洞船棺出土的商代平纹纱罗，经纬丝都加强捻。河北藁城台西村出土的商代中期丝织残品粘附在铜觚上，其中有平纹的纨、绉纹的縠、绞经的素罗，经纬丝都加强捻。安阳殷墟妇好墓出土的商代青铜礼器表面粘附有 50 多件织物残片，距今已有 3300 多年。另外，商代的丝织品在陕西宝鸡茹家庄、辽宁朝阳魏营子、河南光山宝相寺等处也都有出土，年代分西周早期、晚期，春秋早期、晚期，种类有五枚的菱形花绮、经二重丝织锦、平纹方孔纱、纬重平组织并丝加捻的缣、窃曲纹绣绢等。

商周时期，过去神秘、简约、古朴的图案风格已不复存在，以蟠龙凤纹取而代之。当时的纹样已不再注重原始图腾、巫术占卜、宗教信仰的含义，而是穿插、盘叠，或多个动物合体，或多个植物共生，色彩丰富、风格细腻，构成了龙飞凤舞的图样形式。当时，织和绣表现纹样的技术相差较大，丝织主要采用变化多端的几何纹样，而刺绣则是以龙凤为主题的动物图案。

战国蚕纹铜戈图像

| 王宪明　绘，原件藏于成都博物馆 |

商代铜觚腹饰蚕纹

| 王宪明　绘，原件藏于浙江安吉生态博物馆 |

春秋时期，中国已经出现了以齐国临淄为中心的丝织业中心。春秋早期，齐国丝织业已日臻成熟，无论技术水平还是织造规模都远远领先于其他诸侯国，并且已经成为当时丝织品的生产和交换中心。颜师古（581 — 645 ）注释《汉书 · 地理志》“齐冠带衣履天下”时说：“言天下之人冠带衣履，皆仰齐地。”这证明春秋战国时期齐国的丝织品源源不断地输送到其他诸侯国，是名副其实的全国丝织业中心。《考工记》是记载齐国手工业技术的重要史料，其中有负责绘画染织工艺的“设色之工”，分工极为精细，含五个工种，体现出当时高超的织务练染技术。唐代诗人杜甫用“齐纨鲁缟车班班，男耕女织不相失”描述鲁国纺织业发达的盛况。齐鲁以“齐纨鲁缟”并称，誉满天下。

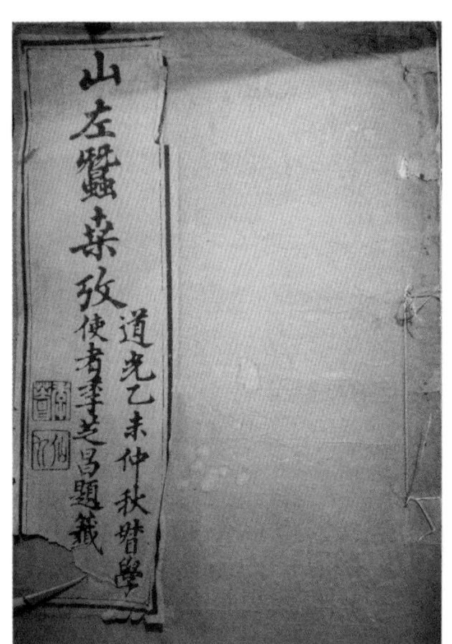

齐鲁千亩桑麻的记载：陆献《山左蚕桑考》，道光十五年刻本，中国国家图书馆
此篇号为“齐冠带衣履天下”的记载。

齐国丝织生产场景图

| 作者摄于山东博物馆 |

是書搆選鐫工樓延繪士書梓圖畫盡美校訂點畫無差三載告成足稱全璧倘有書坊翻刻定行經官究治

考工記通

花萼樓藏板

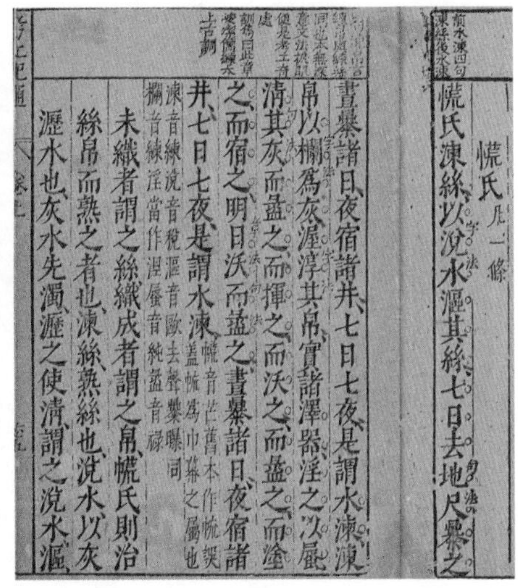

㡃氏凡一條

㡃氏湅絲以涗水漚其絲七日去地尺暴之

晝暴諸日夜宿諸井七日七夜是謂水湅湅帛以欄為灰渥淳其帛實諸澤器淫之以蜃清其灰而盝之而揮之而沃之而盝之而塗之而宿之明日沃而盝之晝暴諸日夜宿諸井七日七夜是謂水湅

未織者謂之絲織成者謂之帛㡃氏則治絲帛而熟之者也湅絲熟絲也涗水以灰漚水也灰水先濁漚之使清謂之涗水漚

㡃氏治丝帛的记载：《考工记通》，徐昭庆辑注，梅鼎祚校阅，明万历花萼楼藏版

战国时期出土的主要丝织品大多为楚绣，品种丰富，分属战国早、中、晚各期，出土地点有湖北随县擂鼓墩，湖南长沙左家塘、五里牌、仰天湖、陈家大山、子弹库，还有湖北江陵马山砖瓦厂等处。其典型代表是人物御龙帛画、帛书等。

战国时期，以蚕丝为原料的罗[1]纹织品风靡一时，罗帐、罗幔、罗衣、罗衾，种类繁多，轻盈霏霏，琳琅满目。古时所谓的罗纹组织，是指用经纱互相绞缠，在绞缠处通以纬纱，其孔眼大小均匀，经纬线都很稀的织品。楚国人宋玉《神女赋》中的“罗纨绮缋盛文章”，就是赞叹丝织纱罗的精美，如同生动活泼、富于文采的文章。目前，保存完好的战国时期丝织品文物大多发现于湖南、湖北两省。与战国龙凤虎纹绣罗单衣一同出土的有35件战国中期衣物，以及众多其他种类的丝织品，根据其组织结构的不同可以分为绨、绢（纨或缟）、绮、锦、绦、组、绣等九大类。其中用绣品作衣缘和衣面的就有20件。

战国时期，丝绸纹样已突破了原有几何纹的单一局面，表现形式复杂多样，形象趋于灵活、生动、写实。

1 “罗”是中国传统丝织物中的一类品种，在没有“纠经”的织机上织出，显椒眼纹，又称“椒眼日罗”，又因纤柔被冠以“云罗”“雾罗”“轻罗”之称。罗又分为素罗、纹罗，罗地不起花者为素罗，起花纹者称纹罗。战国以后，罗一直是贵族世家的首选衣料。素罗更是上佳的绣料，经绣工精心制作成为美奂绝伦的绣品，用以体现着装者华贵身份和典雅气质。

战国龙凤虎纹绣罗单衣（局部）

｜王宪明　绘，原件藏于荆州博物馆｜

1982年荆州马山一号墓出土。见于龙凤虎纹绣罗单衣衣面。图案由龙、凤、虎、虬四种动物组成，一侧是一只凤鸟，双翅张开，脚踏虬；另一侧是一只斑斓猛虎，张牙舞爪前奔逐龙；龙作抵御状。色彩鲜艳，绣工精细。

第三章

遍落丝路

秦汉魏晋南北朝蚕桑丝织的贸易与融合

秦汉魏晋南北朝时期，中国北方蚕桑丝织技术持续发展，尤其到了汉代，丝绸之路的开辟促进了中外丝绸文化的交流。《齐民要术》关于蚕桑技术的记载已经十分成熟，且影响深远。汉代以来，中国人民开始关注野蚕成茧，说明中国古人对各类蚕丝的利用也在不断拓展。随着丝织技术水平的提高，这一时期出土了大量的精美丝织品遗存，尤其是散落在丝绸之路沿线一带的文物极其珍贵。蚕桑丝织文化也不断发展与深化，精彩纷呈。

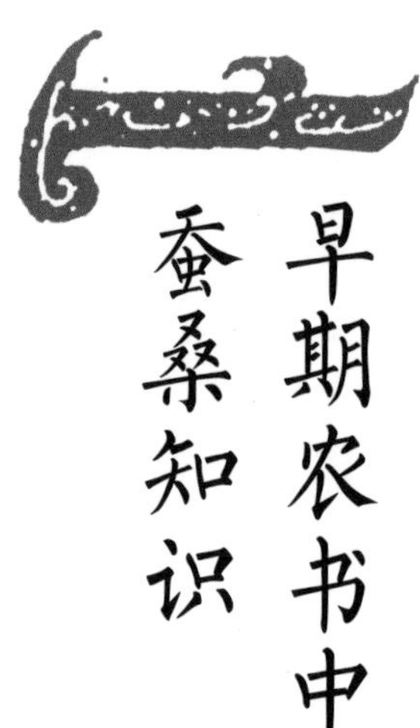

第一节 早期农书中蚕桑知识

秦汉魏晋南北朝时期，已经有了丰富的农业经验总结，出现了综合性农书《齐民要术》，这代表着北方旱作农业体系的成熟。蚕桑丝织兼具农业与手工业属性，蚕桑丝织技术知识已经非常完备，这都为后世蚕桑丝织的繁荣与发展打下了坚实的基础。

秦汉时期，蚕桑生产曾经盛极一时，主要表现在地桑的培育、人工加温饲蚕、丝织品生产与消费三个领域。沸水煮茧缫丝是中国缫丝工艺上的一大技术革新，缫丝及其纺织品的质量因此得到大大提高。汉代，帛是书写材料。汉代丝织品的发展又进一步促进了中国对外通商贸易和中外交流。

汉代采桑画像砖 · 四川德阳黄浒蒋家坪出土

| 唐志强摄于中国农业博物馆 |

砖面为桑园图。

桑园图：汉代采桑画像砖图像

| 王宪明　绘，原件藏于成都博物馆 |

从西汉的《氾胜之书》到后魏的《齐民要术》，两部著作相隔500多年，其间只出现了一部重要的农书《四民月令》。尽管《四民月令》对蚕桑技术记述简略，且散佚不全，但仍为当时农业生产与经营的研究提供了重要线索。《四民月令》现存3000多字，属月令类农书，按月记述谷类生产、瓜菜种植、养蚕纺织、酱菜腌制等农事活动，涉及古代农耕生活很多方面，可以看出东汉时期洛阳地区农业生产技术与经营的基本状况。其以农业生产经营为主体，兼具经营蚕桑，畜牧，而蚕桑生产的专业性强，技术成熟，且商品属性很强。

《四民月令》关于蚕桑记载：

二月：蚕事未起，命缝人浣冬衣，彻复为袷。其有羸帛，遂为秋服。三月：清明节，令蚕妾治蚕室，涂隙、穴，具槌、持，薄、笼。谷雨中，蚕毕生，乃同妇子，以勤其事。无或务他，以乱本业；有不顺命，罚之无疑。四月：茧既入簇，趣缫，剖绵，具机杼，敬经络。八月：凉风戒寒，趣练缣帛，染采色。擘绵治絮，制新浣故。十月：可析麻，趣绩布缕，卖缣帛、弊絮。

魏晋南北朝时期，黄河流域的蚕丝生产虽然遭到破坏，但仍占全国的较大比例；南方地区的蚕业也有所发展。杨泉《蚕赋》用四言俳句阐述养蚕过程。张华《博物志》记述蚕的孤雌生殖现象。葛洪《抱朴子》提出叶粉添食。南朝宋郑缉之《永嘉记》载有低温控制蚕卵化性。陶弘景《药总诀》创始了盐渍杀蛹储蚕法。尤其是《齐民要术·种桑柘》对蚕业生产技术做了全面总结。

西晋时期哲学家杨泉是道家崇有派的代表人物，曾为东吴处士。太康六年（280年），西晋灭东吴后，杨泉被征入晋，不久隐居，从事著述，著有《蚕赋》。《蚕赋》用较短的篇幅描述了植桑、养蚕、饲育、缫丝、织作全过程，展示了西晋时期蚕桑生产的基本状况，详细描述了皇后亲蚕缫丝，然后织成丝绸、做成服装礼神纳宾等场景，从一个侧面反映出汉晋时期养蚕缫丝的社会地位以及当时养蚕业的兴旺繁荣。上至皇家，下至百姓，蚕桑丝织真正覆盖了全社会的生活。

汉代鎏金铜蚕

| 罗铁家摄于定州博物馆 |

西汉青玉兽面蚕纹璧

| 故宫博物院藏 |

此璧双面雕，以夔龙纹、蚕纹各一周为主题纹样，间以窄条绹纹。

汉玉雕卧蚕纹璧

| 广东省博物馆藏 |

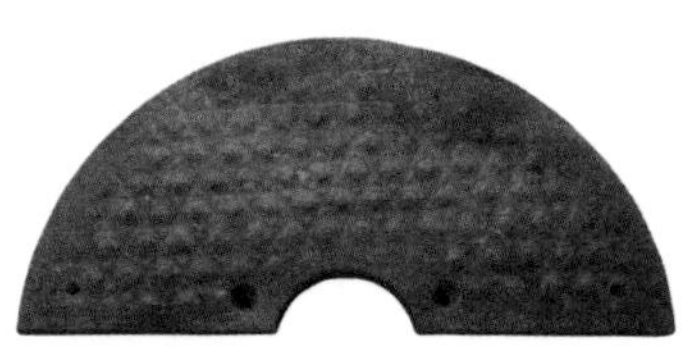

汉代蚕纹半璧

| 广东省博物馆藏 |

浴蚕、下蚕、喂蚕：《耕织图》，南宋楼璹原作，狩野永纳摹写，和刻本，1676 年

《齐民要术》是中国现存最早、最完整的一部古农书，由农圣贾思勰总结6世纪及以前劳动人民的生产经验，撰写而成。书中主要描述北魏统治的黄河流域中下游，以及华东、岭南和西北地区的农业情况，记录各地农作物栽培种植以及农产品生产、收获、加工情况，是研究中国古代农业科学技术的重要文化遗产。仅从蚕桑技术的角度看，书中专门撰写了“种桑柘”一篇，卷五包括：种桑、种柘、养蚕。书中引用蚕桑类文献《尔雅》《搜神记》《礼记・月令》《周礼》《孟子》《尚书大传》《春秋考异邮》《淮南子》《氾胜之书》《永嘉记》《杂五行书》《物理论》《五行书》《龙鱼河图》《淮南万毕术》等十几种，很多文献较为珍贵稀见。

《齐民要术》对桑树栽植的记载非常完善。对桑种类分辨为荆桑、地桑、鲁桑。从桑葚开始，直至桑树长成、饲蚕，都有基本记载。记述蚕有一化、二化、三眠、四眠之分，并引述南方有八化的多化性种，说明当时人们已掌握用低温控制产生不滞卵以达到一年分批多次养蚕，这标志着中国古代蚕业技术的重大发展。蚕的良种选留应以茧为主，一定以取蚕簇中层的茧为上。书中总结了对蚕室温度、湿度、采光等环境条件的掌握和调节技术，以及防治病害、敌害等技术。盐腌储茧法能够保证丝质坚脆悬绝，创用此法是该时期养蚕技术的一大进步。南朝时，浙江民间已然出现了盐腌储茧法，使缫丝不必忙于一时，缫丝劳作人工不足得到了进一步缓解。

董开荣

《育蚕要旨》评价《齐民要术》对蚕桑丝织书籍的影响：

顾古农家诸子书传流绝少，魏贾思勰《齐民要术》九十二篇，始有蚕桑之说，而未能详尽，且不尽与今同。宋陈旉《农书》下卷，附论养蚕。秦湛又附《蚕书》一卷。元官撰《农桑辑要》，鲁明善又撰《农桑衣食撮要》，世久而渐详。国朝乾隆初年，钦定《授时通考》，以蚕桑列为一门，崇宏赅博，与《豳风》无逸，鼎足不祧。

齊民要術序

後魏高陽太守賈思勰撰 史記曰齊人無蓋藏如淳注曰齊無貴賤故謂之齊人者古今言

蓋神農爲耒耜以利天下。堯命四子，敬授民時。舜命后稷食爲政首。禹制土田萬國作乂。殷周之盛，詩書所述，要在安民富而教之。管子曰一農不耕，民有飢者。一女不織，民有寒者。倉廪實，知禮節，衣食足，知榮辱。丈人曰四體不勤，五穀不分，孰爲夫子。傳曰人生在勤，勤則不匱。語曰力能勝貧，謹能勝禍。蓋言勤力可以不貧，謹身可以避禍。故李悝爲魏文

齊民要術 十卷

上海涵芬樓借江寧鄧氏羣碧樓藏明鈔本景印原書葉心高營造尺六寸五分寬五寸

贾思勰《齐民要术》，上海涵芬楼影印本

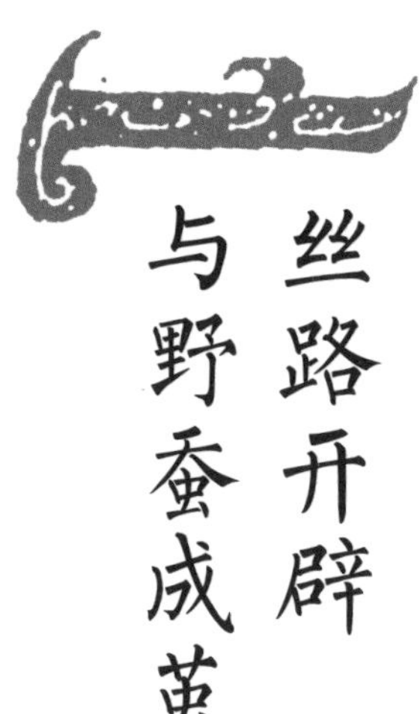

第二节 丝路开辟与野蚕成茧

秦汉大一统开创了对外交流新局面，陆上丝绸之路开辟后，蚕桑丝织成为丝路沿线物质文化交流的重要载体。野蚕是相对于家蚕而言的种类，随着明代中后期野外人工放养技术发展，在大自然捡拾蚕丝已不再是罕见祥瑞之象，人们对蚕又一次拓展了认知。

德国地理学家费迪南·冯·李希霍芬 1877 年出版《中国》一书，最早使用“丝绸之路”一词，简称“丝路”。丝绸之路是由中国蚕桑业发展引发的丝绸对外贸易之路，它开启了中外物种与文化的交流，成就了兼容并蓄的中华农耕文明特质。

汉代丝织品·新疆出土

丨作者摄于中国国家博物馆丨

丝绸之路形成于公元前2世纪—前1世纪，直至16世纪仍在使用。丝绸之路的开辟，最初就是为了将中国内陆腹地出产的丝绸向外运输。为此汉武帝于河西设置武威、张掖、酒泉、敦煌四郡以保障丝运畅通，并借此控制河西交通。他派遣张骞两次出使西域，打通了东西通路的丝绸之路，将中原、西域与阿拉伯半岛、波斯湾紧密联系在一起，开辟了中外物质文化交流的新纪元。自此，中国的丝绸、瓷器、漆器、铁器、冶铁技术、蚕种和养蚕技术、造纸术和印刷术、哲学伦理道德等沿着丝绸之路传输到西方世界，影响巨大，意义深远。

莫高窟第323窟北壁张骞出使西域图

| 敦煌研究院文物数字化研究所制作 |

该图讲述霍去病攻打匈奴获胜，得到两个“祭天金人”；汉武帝建造“甘泉宫”供奉之；汉武帝每日带领群臣焚香礼拜，却不知金人名号，于是派张骞赴西域询问金人名号的故事。该图是研究丝绸之路历史和中外文化交流史极为珍贵的图像资料。

汉代关于“野蚕成茧”的史书记述较多，且都用来表祥瑞。《后汉书》记载光武帝建武二年（公元 26 年）“野蚕成茧，野民收其絮”的故事。山东地区的野生蚕资源丰富，常有人将在山间野外捡拾的野蚕丝作祥瑞物进贡皇帝。如“元帝永光四年（公元前 40 年），东莱郡东牟山有野蚕为茧，茧生蛾，蛾生卵，卵着石。收得万余石，民人以为丝絮”。历史上最后一次此类记录出现在明英宗正统十年（1445 年）的真定府，其时“真定府所属州县野蚕成茧”，知府“以丝来献”，明英宗将其“制幔褥，陈于太庙之神位”。嘉靖、万历年间，山东地方志中频繁提及山茧绸，山蚕蚕丝成为山民营生的一种重要手段，说明当时已经开始蚕的人工规模化养殖。

雌茧和雄茧图：吴诒善《蚕桑验要》，光绪二十九年刻本

野蚕蛾：徐澜《柞蚕茧法补遗》，宣统二年刻本

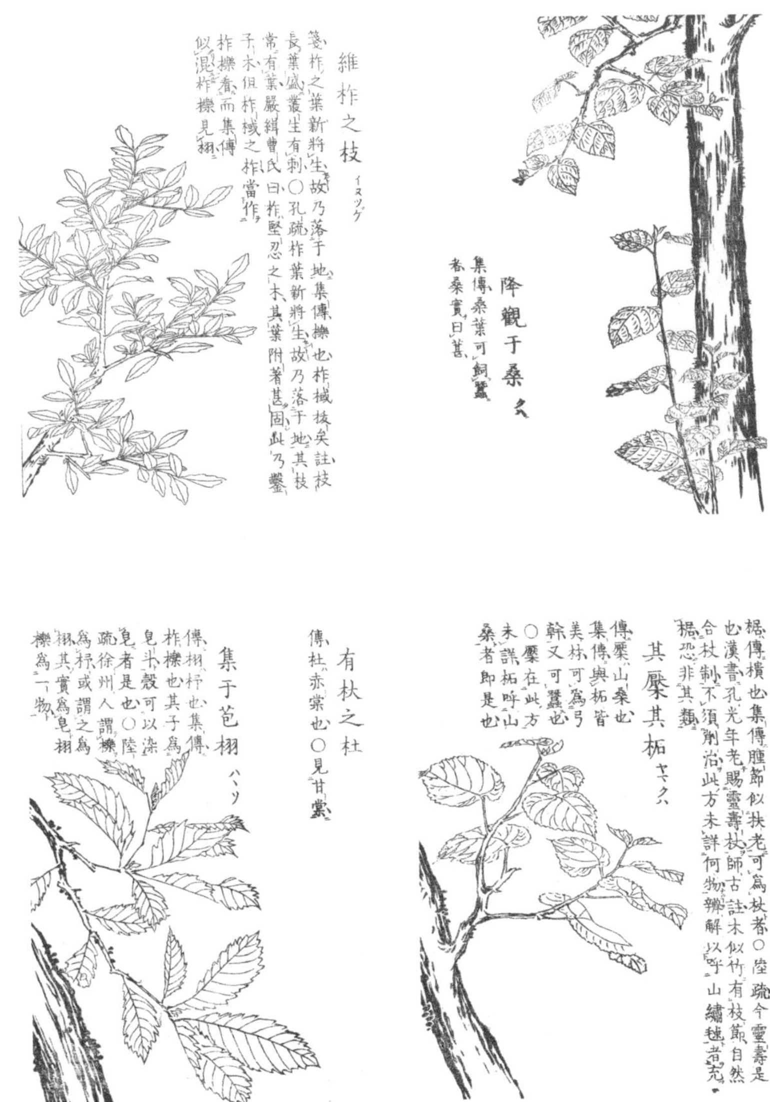

桑树叶图:《毛诗品物图考》，[日]冈元凤纂辑，橘国雄画，1785年

毛诗，指西汉时，鲁国毛亨和赵国毛苌所辑和注的古文《诗》，也就是现在流行于世的《诗经》。东汉经学家郑玄曾为《毛传》作“笺”，至唐代孔颖达作《毛诗正义》。

《毛诗品物图考》专门解释中国古代第一部诗歌总集《诗经》中的动物与植物，分为草、木、鸟、兽、虫、鱼6个类别，包含了其中较为常见的物种，图文并茂，200余幅图画，都属名家工笔摹绘，形态逼真，纤毫毕见。

橡子树,《本草》橡实，栎木子也。其壳一名杼斗，所在山谷有之。木高二三丈，叶似栗叶而大，开黄花，其实橡也。

柘树，其木坚劲，皮纹细密，上多白点，枝条多有刺。叶比桑叶甚小而薄，色颇黄淡，叶稍皆三叉，亦堪饲蚕。

小槲柞叶，粗厚，顶微圆，上宽下窄，大如掌，有歧缺，齿亦微圆，初生色黄有微毛，味苦。有色青者一种，饲蚕颇肥美。

大青椆叶，大而长，有歧缺，如锯齿，色青，有微毛，味苦。采其枝，用水生之，可以养蛾。

红柞叶，细而长，无歧缺，有细刺，锐如针，初生色微黄，味甘，最发蚕。早眠早起，茧大而厚。且叶尽易生，春秋相继，宜于头眠后食之。

黄栎叶，短而厚，上半有歧缺，作锯齿形，初生色微黄，味甘。饲蚕以黄栎为最。

野蚕，色绿，长三寸，共十二节，自顶以上微赤，两牙对列如剪，平动为不能起落，前六足为硬壳，后八足则膜质。

小青棡叶，小而薄，有歧缺，如锯齿，色青，有微毛，味苦。萌蘖最早，春蚕喜食之。

栲柞叶，似栎而长大无歧缺，有刺，色绿，甚光滑，味微苦。以饲蚕出丝坚韧，惟易致病，宜于大眠后食之。

白柞叶，微小无歧缺，有细刺，锐如针，初生色微黄，味甘。以饲小蚕尤佳。

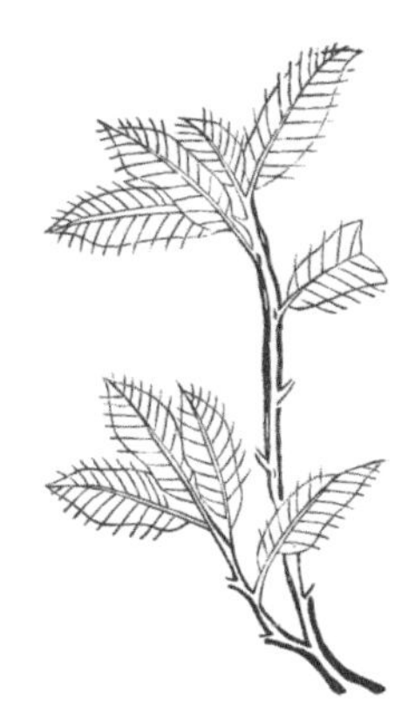

灰栎叶，微长无歧缺，有刺，初生色微白，背有细茸，灰色，味苦，然多汁。饲蚕易肥，且出丝坚韧。

樗，樗树及皮皆似漆，青色耳，其叶臭。樗木根叶尤良。樗木气臭，北人呼樗为山椿。

桑树图：《农政全书》《古今图书集成》《柞蚕简法补遗》《野蚕录》四册书中插图

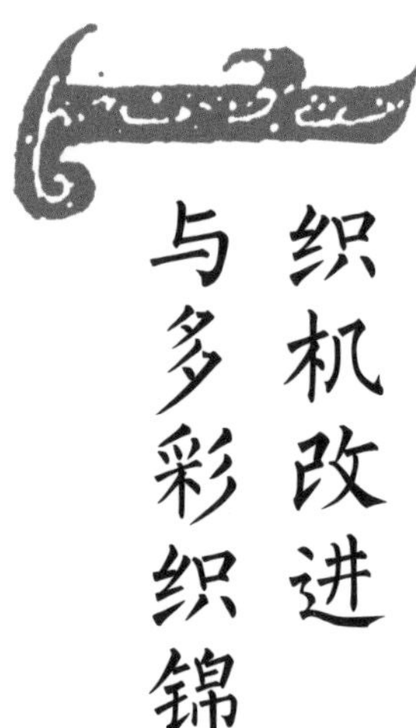

第三节 织机改进与多彩织锦

汉代的织机不断改进，生产效率提高。汉代墓葬出土了很多绘有织机劳作的石刻，特别是山东、四川、江苏北部的墓葬中出现了极具价值的织机图。熟练织工与高超织机催生了精美织锦的出现。目前，这些织锦已经成为各地博物馆反映汉代丝织技术与艺术创作水平的稀世珍品。

中国古代丝织技术的发展，纺织出精美的丝织品，主要得益于织造工具的进步。商代出现了平纹织机，周代出现了提花织机。中国最早的纺车出现在春秋战国时期，汉代刘向《列女传·鲁寡陶婴》中出现有一幅纺车图，东晋画家顾恺之将其画出，此图被视为中国最早的脚踏三锭纺车图。汉代画像石中可见到手摇纺车，其结构简单，易操作。

成都曾家包东汉织工利用脚踏织布机织布画像石图像

| 王宪明　绘，原件藏于成都博物馆 |

此画像石上的斜织机是现存最早的织机图像。

中国古代丝织业重要的发明创造之一——踏板斜织机，是纺织平纹类素织物的织机，其经面与水平机座呈 50° ~ 60°斜角，便于织工观察经面是否平整、经纱有无断头。斜织机使用固定机架后，经轴与布轴将经纱绷紧，纱线的张力均匀，就能使织物的布面平整丰满，织工操作时也较为省力。斜织机的最大技术改进是将提综装置制作成一个专门的综框，并将综框和一只被称为“蹑”的脚踏相连，使操作者可以用脚控制综框升降，双手都被解放出来，可用于引纬和打纬，极大提高了织作效率。斜织机的发明可以追溯到战国时期，汉代已经普遍使用。

江苏沛县留城出土

江苏徐州青山泉出土

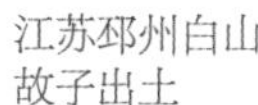

江苏邳州白山故子出土

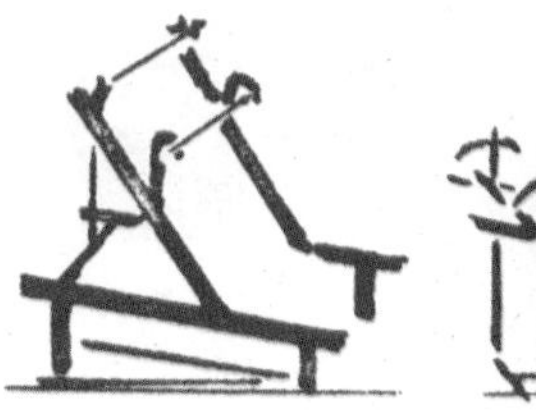

四川成都曾家包出土

汉代画像石上主要织机图[1]

1 赵丰．汉代踏板织机的复原研究．文物，1996（5）．

到了三国时期，织绫机在汉代织机基础上有所简化，但仍显复杂笨重，操作不便，织一匹绫子需耗时一个月。三国时期著名的机械发明和制造专家马钧，对机械的研究制造即是始于织绫机改革。织绫机就是织造“绫”的提花机，“绫”是一种表面光洁的提花丝织品，是在传统丝织品的基础上发展起来一种比较高级的织品。马钧发现“绫”的花色、图案有许多对称与重复，便利用此特点大大简化织绫机的结构和操作，使生产率提高数倍，而织出绫的色彩、图案、质量也得到了保障。据传，曹魏景初元年（237 年）日本使者来访，魏明帝赠给日本使团大批丝织品，其中许多就是用马钧改进后的织绫机织成的。这种高效织绫机很快传播到其他地区，得到广泛应用。

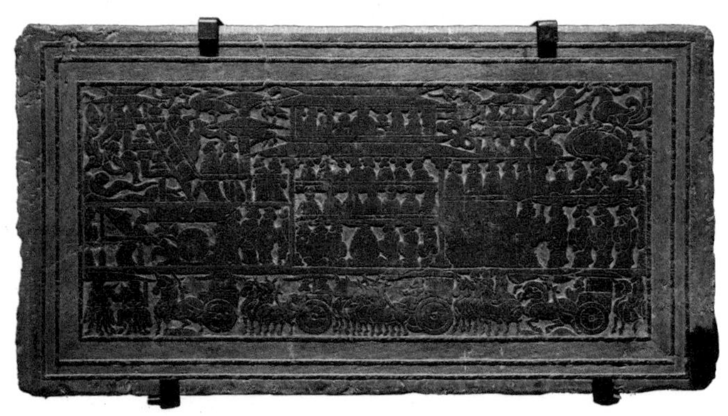

东汉楼阁人物画像石 · 滕州西户口出土

| 作者摄于山东博物馆 |

画面共分三层，一层、二层是起居纺织图。左边有人纺线织布，织布机是目前见到较早的纺织机械图形。三层是车马出行图。

纺织图：东汉楼阁人物画像石图像

| 王宪明　绘 |

东汉纺织画像石 · 滕州龙阳店出土

| 作者摄于山东博物馆 |

画面共分四层，一层、二层是起居纺织、楼阁水榭，三层、四层是车马出行图。

纺织图：东汉纺织画像石图像

| 王宪明　绘 |

陕西咸阳宫出土的秦代丝织品中有一批单衣、夹衣、锦衣，包括几何纹绣绢、经锦、夹缬和蜡缬印染织物，说明秦代丝织品种类已经不少。汉代丝织品出土更丰富，以湖南长沙马王堆出土的西汉丝织楚绣种类最齐全。西汉丝织文物有山东临沂金雀山绢地帛画；马王堆有绢地彩绘帛画的导引图、地形图、驻军图，各类帛书，服装、服饰等共 200 余种。1972 年在湖南长沙马王堆汉墓中发现的绛丝毛织物，制作极为精美。自张骞通西域，“丝绸之路”上往返的丝织品种类繁多，包括绢、绸、锦、缎、绫、罗、纱、绮、绒、绛等。目前，出土的东汉丝织品以新疆民丰县最多，甘肃嘉峪关也有部分出土。此外，汉代罗绮是高级的丝织品。

褐色绢地“信期绣”起绒锦残片

丨湖南省博物馆藏丨

绒圈锦，或称起绒锦、起毛锦，是三枚经线提花并起绒圈的经四重组织，是长沙马王堆一号汉墓出土的汉代丝织文物中又一项重要发现，该类丝织品是采用提花装置与双经轴机构的织机，利用“假织纬”起绒工艺，在锦面上形成丰满美丽的大小几何纹绒圈。其绒经由四根一组的变化重经组织组成，相当于地经的五倍，使用了双经轴和提花装置，并科学地利用起绒纬工艺，使织锦具备了“锦上添花”的立体效果。它代表了汉代织锦工艺的高超水平，突出地反映了汉初的缫纺技术。

素纱单衣·马王堆一号汉墓出土

| 湖南省博物馆藏 |

古诗形容此素纱单衣为“轻纱薄如空”，代表了西汉初期养蚕、缫丝、织造工艺的最高水平。汉代服饰用料主要有锦、纱、罗，锦优在厚重，而纱的特质是材质轻薄。素纱单衣的轻柔程度可与现代轻薄的蝉翼乔其纱媲美，可见2000年前古代中国的丝织工艺何等高超。

五星出东方利中国护膊

丨王宪明　绘，原件藏于新疆维吾尔自治区博物馆丨

“五星出东方利中国”是一件汉代蜀地织锦护膊，被誉为 20 世纪中国考古学最伟大的发现之一，于 1995 年由中日尼雅遗址学术考察队成员在新疆和田地区民丰县尼雅遗址一处古墓中发现，出土时系在一具男性遗骸上，一同出土的还有弓、弓囊、箭、箭壶，共同反映了汉代军事军制情况。该锦织造工艺非常复杂，运用“平纹五重经”工艺，可代表汉代织锦技术的最高水平。织锦文字经中国丝绸博物馆复原为“五星出东方利中国诛南羌四夷服单于降与天无极”，被新疆维吾尔自治区博物馆选作《国家宝藏》节目的三件代表性国宝之一。此锦以凤凰、鸾鸟、麒麟、白虎等瑞兽和祥云瑞草为纹饰，采用青赤黄白绿五色，皆从秦汉以来发展广泛的植物染料所得。此织锦将阴阳五行学说表现得淋漓酣畅，实属罕见。

灯树对羊纹锦·北朝吐鲁番出土

| 王宪明　绘，原件藏于新疆维吾尔自治区博物馆 |

平纹经锦中以灯树对羊纹锦颇为著名，据吐鲁番高昌章和十八年（548 年）出土文书记载的“阳树锦”一词，且吐鲁番文书中“阳”和“羊”互通，阳树锦应为羊树锦。此锦图案左右对称。幅边起为一对跪着的山羊，面目喜气洋洋，双羊之上有一棵大大的“灯树”，其侧各有两鸟，分列上下，鸟背处另有一小树，上系葡萄状灯。平纹经锦是最早出现的锦织物品类，采用 1∶1 平纹经重组织织造，因以经线显花而得名，其兴盛时间较长，自战国时期一直延续至唐代初年。

第四节　《尔雅》释蚕与壁画绘桑

《尔雅》是中国古代读书人了解动植物知识的主要书籍。历代文人对《尔雅》注疏不断，蚕作为书中重要内容，在近代西方博物学传入之前，学人都以《尔雅》为其分类依据。桑已经成为石刻壁画中常见题材，用以反映农业生产与生活场景。在此基础上，与桑相关的文学创作与历史典故逐渐增多，影响深远。

《尔雅》是"十三经"之一，是中国古代首部按词义系统和事物分类编排的词典，记载了中国古代丰富的生物学与植物学知识，是研究中国早期动植物的重要书籍。《尔雅》最早著录于《汉书·艺文志》，但未载作者姓名。东汉窦攸因能根据《尔雅》中的记载识别各种动植物，被光武帝赐帛众多。汉代以后，研究《尔雅》备受重视，晋代郭璞《尔雅注》、清代郝懿行《尔雅义疏》均为此中经典。《尔雅》记载吐丝类昆虫的种类很多，但多属描述性质，中国传统的分类方法与西方分类学差异较大。如《尔雅·释义》释蚕"桑中虫也"。

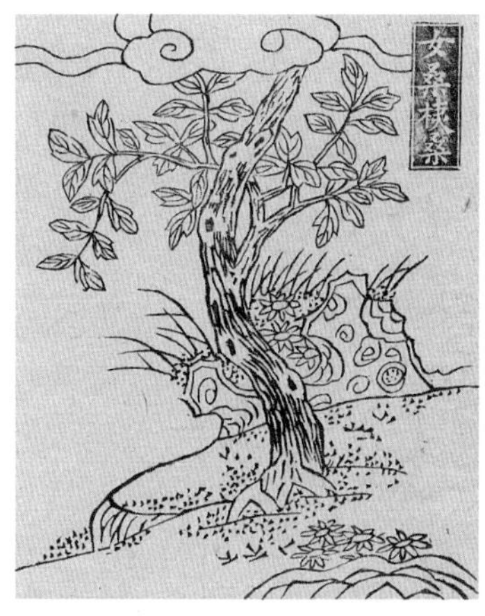

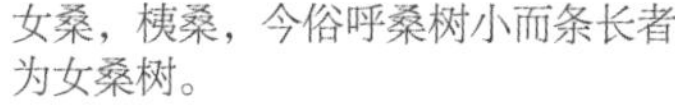
女桑，桋桑，今俗呼桑树小而条长者为女桑树。

蟓，桑茧，食桑叶作茧者，即今蚕。

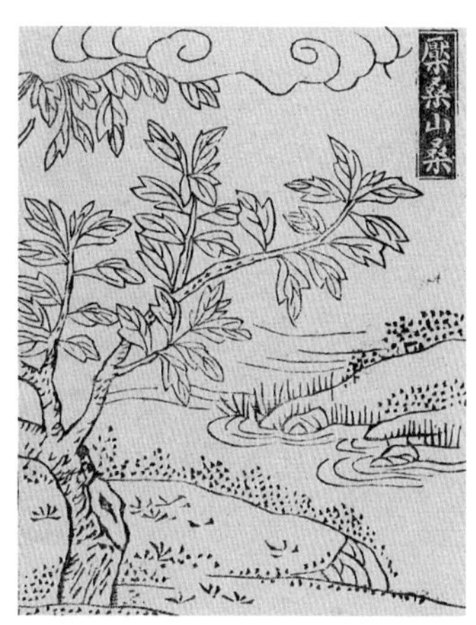

檿桑，山桑，似桑，材中作弓及车辕。

女桑桋桑、蟓桑茧、檿桑山桑：晋代郭璞《尔雅音图》，嘉庆六年艺学轩影宋本

《尔雅》记载有很多野蚕种类：

厥后由桑蚕推广见于《尔雅》者，有樗茧、萧茧、棘茧、乐茧。又载蟓桑茧，李时珍谓蟓即桑上野蚕。见于《禹贡》者有檿丝，见于《唐史》者有槲菜蚕，见于《宋史》者有苦参蚕，见于《齐民要术》及《蚕书》者有柘蚕，见于张文昌《桂州》诗者有桂蚕，见于《诗疏》者有蒿蚕。

汉代养蚕缫丝业发展已达高峰。大型作坊均为官府经营，织工可达数千人，所产丝织品颜色鲜艳，花纹多样，做工极为精致。西汉丝织品不仅畅销国内，而且途经西亚行销中亚和欧洲。中国通往西域的商路以“丝绸之路”驰名世界。

徐州铜山洪楼村出土东汉织机画像石图像

| 王宪明　绘 |

汉代出现许多纺织题材画像石，江苏北部、山东西南部、四川地区出土的纺织图画像石尤其丰富，多雕刻精美，都有故事情节，反映了当时的纺织技术、社会生活和文化思想，具有较高的研究价值。

纺织图：汉代画像石图像[1]

| 王宪明　绘 |

1953 年出土于徐州铜山洪楼村的汉代画像石，其图像展示了脚踏提综式斜织机技术。这是当时世界上最先进的纺织技术，也是中华民族对世界文明的伟大贡献之一。

1　参考国家邮政局 1999 年发行特种邮票图像绘制。

东汉纺织画像石

| 作者摄于南京博物院 |

此石刻自上至下分为四层，其中第二层是纺织图，刻的是曾母投杼的故事。画面上有三人，自左至右分别是曾母、曾参及“谗言者”。“曾母投杼”故事始见于《战国策》：有人误言曾参杀人，曾母“投杼逾墙而走”。此图做曾母怒斥曾子，投杼于地，以宣扬孝道。所刻器具大如织机，小如梭杼，与人物均雕刻精细。

东汉纺织画像石图像（局部）

| 王宪明　绘 |

画面中曾母使用的是一架脚踏式织机。

魏晋时期墓画中，桑园、采桑、护桑、蚕茧、丝束、绢帛、丝织工具等图像应有尽有。画中有采桑女在树下采桑；有童子在桑园外扬杆驱赶飞落桑林的乌鸦。采桑女中既有服饰较好、长衣曳地者，也有短衣赤足的婢女。展现了众人一起参与蚕桑的生产图景。画面上桑树枝叶茂密，桑葚果实累累，一看就是人工精心培育的桑园。从画中树形、树高与采桑者身高比例，如妇女站立采桑，童子站立采桑，树上挂筐采桑，甚至跪坐采桑等，可知画中桑树多为质地良好且低矮易采的地桑。汉代画像石中常见树下射鸟、射猴的景象，依据《礼记·射义》中“射侯者，射为诸侯也”，引申为“射侯射爵”。郑玄注《周礼·司裘》载：“天子中之则能服诸侯，诸侯以下中之则得为诸侯。”

魏晋驱鸟护桑图画像砖

丨王锦辉摄于嘉峪关长城博物馆丨

画面左侧一个身着锦袍的妇女正在采桑，中间是一棵落鸟的桑树，右侧妇人的孩子手持弓箭在射鸟，展示了树下射鸟的情景。此画像砖体现出当时蚕桑业与纺织业状况。锦袍则能反映当时的服装特征及手工业发展水平，由此可见当时的社会、生活、生产与经济面貌。

酒泉市有近1500座魏晋时期的古墓，其中保存了大量珍贵壁画及彩绘画像砖。魏晋墓室壁画包括酒泉市肃州区果园丁家闸、西沟、高闸沟魏晋墓壁画和彩绘砖画，嘉峪关新城镇魏晋墓壁画和壁画砖，敦煌佛爷庙湾魏晋墓室砖画等。这些墓室壁画具有很高的艺术价值，其中大量关于蚕桑业的壁画，形象地反映出魏晋时期蚕桑业的兴盛历史。

绢帛图画像砖

| 张掖市高台县博物馆藏 |

砖左右各绘数卷绢帛，以墨线勾勒，着红色、淡墨色，以线绑扎竖立。中间有一高脚盘，其上满置蚕茧。说明当时河西地区不仅遍植桑树，缫丝业也已具备相当规模，佐证“丝绸之路”的名副其实。

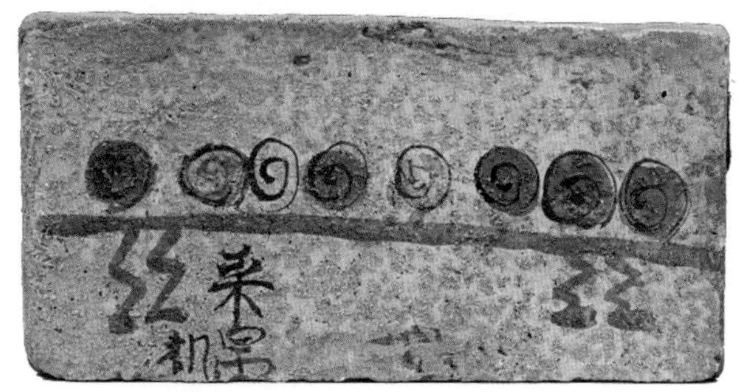

采帛机丝束图画像砖

| 张掖市高台县博物馆藏 |

画面左下方墨书两行题款“采帛”“机”，“采”即“彩”“机”即“几”。“采帛”即“彩帛”，意为几上放着彩色束帛。画面表现了一组不同色彩的丝帛卷放置于长几之上。

汉代留下许多有关蚕桑的文化记忆。如“失之东隅，收之桑榆”“衣锦还乡”“拾葚供亲”等。其中“拾葚供亲”讲述了蔡顺的孝行，是《二十四孝》的第十一则故事。蔡顺幼时丧父，和母亲相依为命。战乱之际，无以果腹，便在桑葚结果时节，每天采摘桑子充饥。一天，几个赤眉军士兵看到蔡顺提着两篮子桑葚，问：“把你的桑葚拿出来，给我们解渴好吗?”蔡顺说：“不行，桑葚是采给母亲充饥的，怎么能给你们吃呢!”一个士兵发现两个篮子里的桑葚不一样，一篮是黑的，另一篮是白的，问蔡顺：“你为什么把白桑葚和黑桑葚分开呢?”蔡顺说：“白桑葚是酸的，我自己吃。黑桑葚是甜的，留给母亲吃。我应该孝顺母亲。”赤眉军士兵感其孝心，送他米肉回家供养母亲。

北宋“蔡顺”人物长方砖与砖拓

丨故宫博物院藏丨

砖雕图中右侧一人，头裹巾，巾带飘动，身穿圆领袍，衣上有花纹，腰间束带，足穿长筒靴，左足抬起，右足下垂，坐于石台上，身后立一披甲持刀的护卫。左侧一人身穿交领上衣，腰后系袋子，下穿裤，躬身拱手，作恭谦状，其前有一袋米和两只牛蹄，身后一盛满桑葚的竹篮。背景有山石树木点缀。从画面上看，右侧高大者当为起义军首领，左侧恭谦者应是蔡顺。正统道学家眼里的绿林贼子在这里成了被歌颂的对象，真是孝感天地了。

著名的汉代乐府民歌《陌上桑》，描述了汉代一位太守春季巡查地方发生的故事。诗文开篇“秦氏有好女，自名为罗敷。罗敷喜蚕桑，采桑城南隅，”随后展开一个采桑女智胜劝民农桑官员的场景。

罗敷采桑图：上垣守国《养蚕秘录》(1803 年刊本)，《日本农书全集》第三十五卷，日本农山渔村文化协会影印，1981 年

明治维新之前日本引入大量中国蚕书，并吸收了中国蚕桑文化。

第四章

异乡为客

隋唐时期蚕桑丝织的南移与外传

隋唐时期，受安史之乱影响，蚕桑技术不断南移，与此同时养蚕植桑逐渐适应了江南地区的生产环境。陆龟蒙《蚕赋》等文学作品的出现，说明当时社会已将蚕桑生产融入文化生活。蚕种外传是这一时期的另一个重要事件，7世纪养蚕技术经波斯传入阿拉伯半岛和埃及，8世纪阿拉伯人又把养蚕技术带到西班牙，12世纪引入意大利，15世纪再由意大利传入法国。唐代丝织品织造技术高超，各地出土绢丝种类繁多，用途多样，精美绝伦。

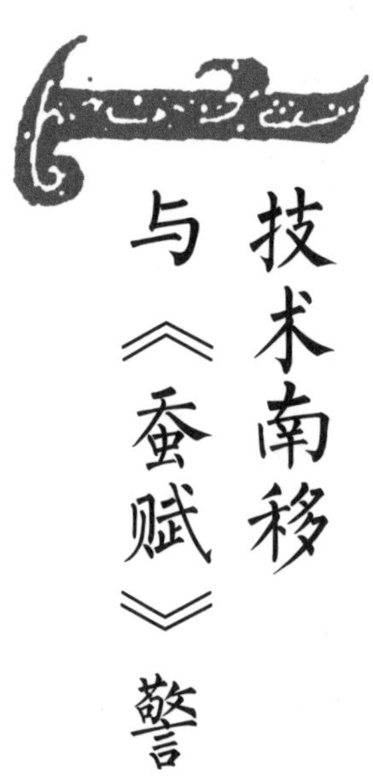

第一节 技术南移与《蚕赋》警世

隋唐时期，中国蚕桑丝织业的重心开始逐步转移到长江流域。唐中期是北方黄河流域蚕桑业和丝织业向江南地区转移的重要时期。安史之乱对北方蚕桑生产造成了巨大破坏，南方社会环境相对稳定，北方人口的大举南迁，为南方地区带去了大量的劳动力和先进的生产技术，促进了江南的经济发展。

《四时纂要》记述了唐代蚕桑生产技术发展的状况，该书共有9处涉及蚕桑。唐代桑田已经向专门化和园圃化方向发展；在养蚕技术方面，保持蚕室清洁卫生已经得到了重视。唐代丝织业分私营和官营两种，官营手工产品供皇宫或朝廷使用；民间织坊也颇兴旺发达，丝织工艺取得了突出的成就。中唐以后，天下闻名的丝织品达数十种，主要产地在河北、河南、山东，以及成都平原、太湖流域和钱塘江流域地区。其中，定州（今河北正定）以产绫为主，赵州临城以产纩为主，扬州的锦被、锦袍为贡品，越州（今浙江绍兴）以产绫、纱著称，成都的蜀锦闻名于世。

选种　　栽桑

移桑　　盘桑

选种、栽桑、移桑、盘桑：卫杰《蚕桑萃编》，浙江书局刊行，1900 年

唐代开始，南方桑园开发不断扩大，桑树培植技术不断成熟。由北方传来的桑树品种与栽桑技术开始适应南方的自然环境。

唐代农学家、文学家陆龟蒙曾任湖州、苏州刺史幕僚，后隐居松江甫里（今甪直镇），其《甫里先生文集》流传于世。陆龟蒙与荀子和杨泉对蚕的赞美不同，他提出“伐桑灭蚕”，主要是因为陆龟蒙身处吴越，深知吴越“逮蚕之生，茧厚丝美。机杼经纬，龙鸾葩卉”的优点。但唐代末年，丝绸的这些优点恰恰导致了“官涎益馋”，百姓辛苦养蚕缫织，却被官府“尽取后已”。陆龟蒙以愤懑的情绪作《蚕赋》，“遍身罗绮者，不是养蚕人”，反映出当时民不聊生的社会状况。

陆龟蒙《蚕赋》是江南地区蚕桑技术发展的真实写照，其中的蚕桑元素更是成为了后人文化创作的重要题材。

陆龟蒙像

| 王宪明　绘 |

陆龟蒙

《蚕赋》并序：

荀卿子有《蚕赋》，杨泉亦为之，皆言蚕有功于世，不斥其祸于民也。余激而赋之，极言其不可，能无意乎？诗人“硕鼠”之刺，于是乎在。古民之衣，或羽或皮。无得无丧，其游熙熙。艺麻缉纑，官初喜窥。十夺四五，民心乃离。逮蚕之生，茧厚丝美。机杼经纬，龙鸾葩卉。官涎益馋，尽取后已。呜呼！既豢而烹，蚕实病此。伐桑灭蚕，民不冻死。

中国历史上的许多唐代名家，如李白、白居易、杜甫、李商隐、王昌龄等创作的诗词，多以丝绸为题材。李商隐《无题》有“春蚕到死丝方尽”，其中“丝”用“思”的谐音，一字双关，比喻情深谊长，至死不渝。由于蚕一生只吃桑叶，等到老时却吐尽柔软、光滑、洁白的丝。此句原指爱情如春蚕吐丝，到死方休，后也用来赞扬人的奉献精神。

“作茧自缚”出自白居易《江州赴忠州，至江陵已来，舟中示舍弟五十韵》：“虎尾忧危切，鸿毛性命轻。烛蛾谁救活，蚕茧自缠萦。”这是说蚕吐丝作茧，却将自己包裹其中，用以比喻自我束缚。

蚕月条桑：《毛诗品物图考》，[日] 冈元凤纂辑，橘国雄画，1785 年

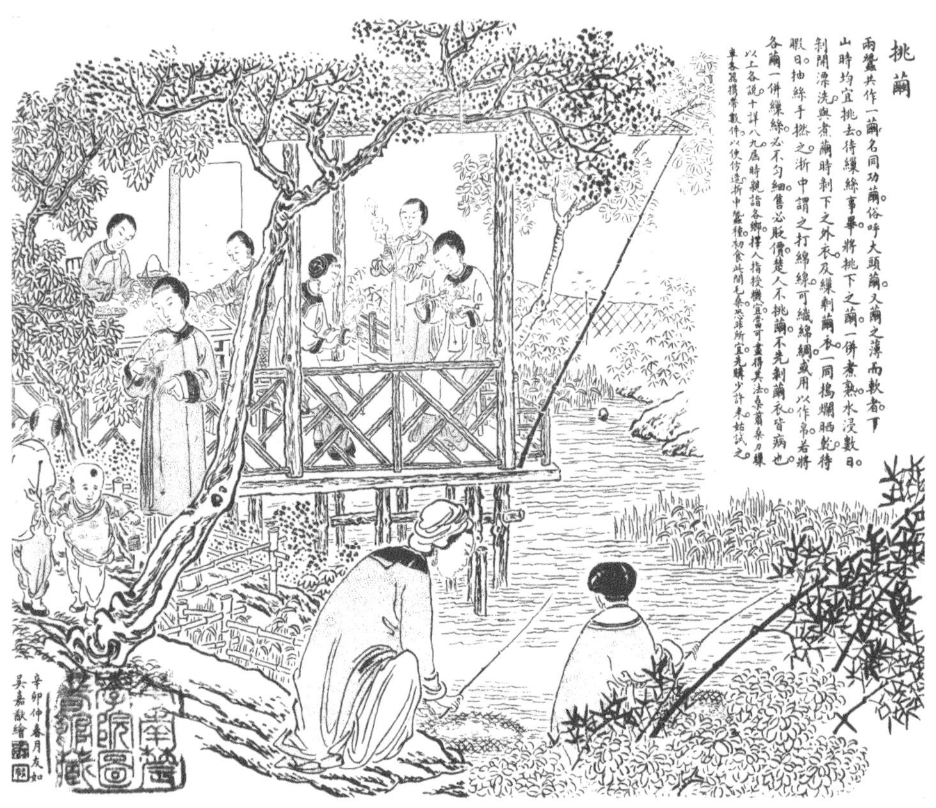

挑茧：宗景藩《绘图蚕桑图说》，吴嘉猷绘，光绪十六年

择茧:《耕织图》，南宋楼璹原作，
狩野永纳摹写，和刻本，1676 年

摘茧：卫杰《蚕桑萃编》，浙江书局
刊行，1900 年

第二节

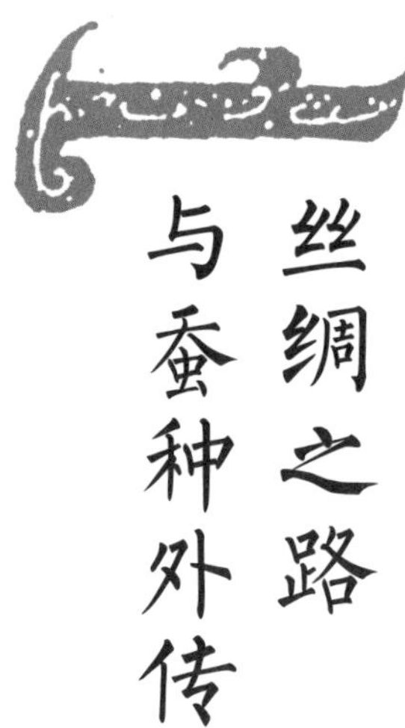

丝绸之路与蚕种外传

唐代，陆上丝绸之路与海上丝绸之路都是中外交流的重要途径，丝绸成为中外交流的文化符号。这一时期，蚕桑丝织技术途经中亚传入西亚，其后传至欧洲，影响遍及欧亚大陆，丝绸成为中国在世界上举世闻名的文化名片。

唐代陆上丝绸之路不仅延续了以往的贸易线路，而且将南北朝以来因战乱中断的部分路段进行疏通，开通了天山北路一段。丝绸之路从长安出发，经甘肃河西走廊，至新疆，过天山南北，到达中亚，一路至中东，一路到欧洲，其中过天山以后还有一路到印度。

唐代是东西方经济、文化、科技交流的高峰时期，丝绸之路对此发挥了巨大作用，并且陆海两路相继繁荣。唐代前期，陆上丝路繁荣，随后因多种原因陆路失去了发展优势。唐代中期以后是海上丝路的重要发展时期，当时海上通道运送的大宗货物主要就是丝绸。

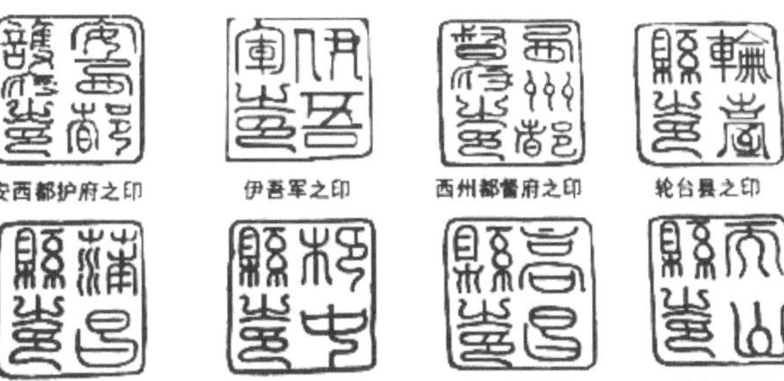

唐代西域官府印谱

| 作者摄于中国国家博物馆 |

此皆为吐鲁番出土官方文书上的印铃，篆书。唐代都护府下的行政系统分为两种：一种是州、县制；另一种是羁縻府、州制。

骆驼驮丝绸壁画

| 洛阳古代艺术博物馆藏 |

此壁画发现于洛阳唐代安国相王李旦孺人（夫人）唐氏和崔氏壁画墓，为洛阳地区首次发现此类题材的壁画。

中国古代的丝绸输出大体上是沿着张骞出使西域的路线，经新疆昆仑山脉的北坡西行，穿越葱岭，经中亚，再转运至希腊、罗马等国。蚕种和养蚕技术随之首先传到新疆，再由新疆沿着“丝路”传入欧洲。玄奘所著《大唐西域记》载有瞿萨旦那国（梵ku-stana，于阗）引进桑种和蚕种的故事。

公元7世纪，养蚕技术从波斯传到阿拉伯半岛和埃及。公元751年，穆罕默德率领军队与唐朝大将高仙芝部队在今哈萨克斯坦境内的怛罗斯河发生战争，其间一些中国的丝绸织工和造纸工被对方俘获，可能正是由这些被俘虏的工人将中国丝绸工艺和造纸术传入了西亚。公元8世纪，西亚的养蚕业及缫织作坊迅猛发展，出现了许多专门从事缫丝、纺织、印染和刺绣的城市。波斯成为继中国之后的世界第二大丝绸产地，西亚市场逐渐用本地丝织产品作为替代，而中国丝绸开始逐渐转销东南亚。公元8世纪后，阿拉伯人又把养蚕技术介绍到西班牙，12世纪传至意大利，15世纪再由意大利传入法国。中国的丝绸逐步传遍世界。

唐代丝绸残片

丨作者摄于陕西历史博物馆丨

唐代东国公主传丝木版画·丹丹乌里克佛寺遗址出土

丨王宪明　绘，原件藏于大英博物馆丨

此长方画板中央绘一盛装贵妇，头戴高冕，有侍女跪于两旁，一端有一篮，其畔充满形同果实之物，另一端有一多面形物，左边侍女的左手指着贵妇高冕，冕下即是其从中国私运来的蚕种，篮中所盛即是茧，而多面形物即是纺车。唐玄奘《大唐西域记·瞿萨旦那·麻射僧伽蓝及蚕种的传入》和此木版画相互印证。但也有观点认为这幅画描绘的是佛教故事，而非“传丝公主”。

第三节 精美绢画与异域风情

隋唐时期，丝绸产量不断提高，丝织业手工技能日益娴熟。丝绸之路沿线出土的织锦与绢画，通过吸收西域与国外文化元素，图纹兼具了异域风情，异常精美，充分展示了丝绸之路对中外文化交流的影响。

隋代，河北地区“人多重农桑”，扬州地区“一年蚕四五熟，勤于纺绩，亦有夜浣纱而旦成布者，俗呼为鸡鸣布”。中唐以前，蚕桑纺织业的中心大部分在北方。北方相州“调兼以丝，余州皆以绢”。河南道“陈、许、汝、颍州调以絁、绵，余州并以绢及绵”。当时的绢产地分为八等，前三等为：一等宋、亳；二等郑、汴、曹、怀；三等滑、卫、陈、魏、相、冀、德、海、泗、徐、博、贝、兖。中唐以后，北方地区持续战乱，大量手工业者被迫南迁，推动了南方蚕桑纺织业的长足发展。唐后期，越、宣、扬、润四州的丝织品质量突飞猛进。

唐代丝绸在产量、质量和品种花色方面均达到了前所未有的高超水平。除继承秦汉时期生产的纱、縠、絣、绢、纨、绫、缟、罗、绡、缦等传统特色织物以外，又出现了不少新品种和新技法，谱写了大唐盛世辉煌的丝绸记忆。例如，现今仍有大量珍贵的反映唐代人物、神话等题材的绢画存世。

唐代彩绘仕女绢画

| 作者摄于陕西历史博物馆 |

隋唐时期，丝绸之路畅通，对外交流繁荣，丝织品上开始出现模仿西域风格的图案。如西域的狮、大象、骆驼、翼马、孔雀，狩猎骑士、牵驼胡商、对饮番人以及异域神祇等，这些都成为丝绸品上重要的图画题材。来自波斯萨珊王朝、中世纪波斯王朝、罗马、印度等地区的大量外来的图案样式，对唐代织锦艺术产生了重大影响，使隋唐丝织工艺较以往别具异国风情。

唐代丝织品在吐鲁番高昌遗址、拜城克孜尔石窟、青海都兰、莫高窟藏经洞、陕西法门寺佛塔地宫等处均有出土。阿斯塔那出土的唐代丝织品特别多，有联珠彩锦、织花罗、花鸟蜡缬绢、方胜四叶纹双层锦和各类动物、花鸟、几何纹锦等。

唐代对鸭纹锦覆面·吐鲁番阿斯塔那墓出土

| 王宪明　绘，原件藏于新疆维吾尔自治区博物馆 |

图中央为对鸭，对鸭色彩上下对比鲜明，此为纬锦的产地、年代、纹样演化和中西纹样的比较研究提供了重要的资料。

唐代团花和联珠猪头纹锦覆面·吐鲁番阿斯塔那墓出土

| 作者摄于中国国家博物馆 |

此覆面呈椭圆形，原白色绢荷叶边，面芯由两块织锦拼接而成，一块是红地联珠猪头纹，另一块是黄地联珠团花四叶纹，其中猪头上翘的獠牙与几何形的眼睛极富装饰性。

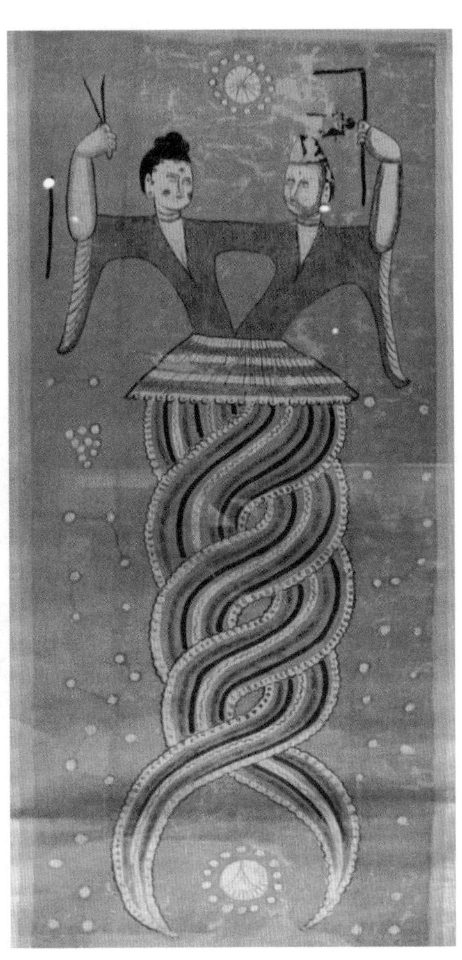

唐代彩绘伏羲女娲绢画·吐鲁番阿斯塔那佛塔出土

丨作者摄于中国国家博物馆丨

由窦师纶[1]创造的陵阳公样是中国传统丝绸重要的纹样之一，其对称结构的纹样特点，成为唐代织锦中经常采用并极具特色的图案形式。窦师纶研究过舆服制度，精通织物图案设计，被唐政府派往盛产丝绸的益州（今四川省）大行台检校修造。他创造出的样式、花式主题有瑞锦、对雉、斗羊、翔凤、游麟等，在传统蜀锦织造艺术基础上融合波斯、粟特等纹饰特点，穿插组合祥禽瑞兽、宝相花鸟，呈现的图案繁盛隆重，庄严华丽。该样式因窦师纶获封陵阳公而被誉为“陵阳公样”。

联珠对马纹锦图案

丨王宪明　绘，原件藏于新疆维吾尔自治区博物馆丨

1 张彦远《历代名画记》记载：“窦师纶，初为太宗秦王府咨议、相国录事参军，封陵阳公。性巧绝，善绘事，尤工鸟兽。草创之际，乘舆皆阙，敕兼益州大行台，检校修造。凡创瑞锦宫绫，章彩奇丽，蜀人至今谓之陵阳公样。”

唐代联珠花树对鹿纹锦残片图案复原图[1]

| 由日本私人收藏，原残锦出土于新疆吐鲁番阿斯塔那高昌遗址 |

唐代立狮宝花纹锦图案复原图

| 中国丝绸博物馆藏 |

此锦以大窠花卉为环，环中一站立狮子，环外以花卉纹作宾花。花的造型如牡丹，花蕾如石榴。现有花团和狮子的图案造型尽显盛世的华贵。

1 赵丰，屈志仁. 中国丝绸艺术. 北京：外文出版社，2012.

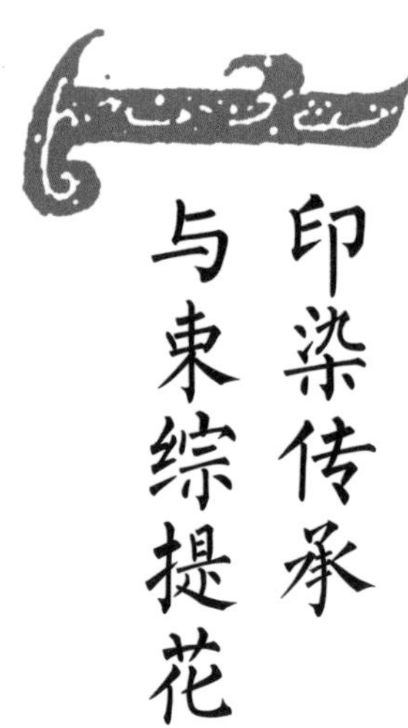

第四节 印染传承与束综提花

中国古代印染技术又分为夹缬、绞缬和蜡缬三大类。『缬』专指在丝织品上印染出图案花样。唐代印染技术已经十分成熟。丝织业发展离不开织机进步，唐代束综提花织机已经完善和定型，为宋元明清提花技术水平达到巅峰奠定了基础。

夹缬，唐代印花染色方法，始出现于汉代。用二木版雕刻同样花纹，以绢布对折，夹入此二版，然后在雕空处染色，成对称花纹，其印花所成锦、绢等丝织物叫夹缬。唐代有诗句称“成都新夹缬，梁汉碎胭脂”“醉缬抛红网，单罗挂绿蒙”。

绞缬，又称“撮花”，是一种对染前织物进行缝绞、绑扎、打结的处理过程，以使染液在织物处理部分不能上染，或不等量渗透，从而达到显花效果的印花工艺及其制品。魏晋南北朝时期，绞缬已经“贵贱皆服之”。唐代，绞缬流行于妇女服饰之上，技艺高超。绞缬的色彩层次丰富，韵味十足。

蜡缬，又称蜡染，是指用蜡在织物上画出图案，然后入染，最后沸煮去蜡，使成为色底白花的印染品。唐代，蜡染十分盛行，技术已经成熟，可分为单色染与复色染，复色染可套色四、五种之多。唐代中国文化对日本的影响巨大，奈良正仓院一直保存着各种唐代传入的中国蜡缬工艺珍品。

唐代丝织品出现了斜纹经锦、斜纹纬锦以及双层锦。平纹织物并没有花纹，古人采用挑花杆挑织图案，使织物更加漂亮。提花就是纺织物以经线、纬线交错组成的凹凸花纹。提花的工艺方法源于原始腰机挑花，唐代束综提花机已逐渐完善和定型。隋唐时期，莲花、卷草、写生团花等造型饱满圆润，丰润浓艳。宋元明清时期，丝绸提花织物纹样自然流畅、纤巧精细。

染色：卫杰《蚕桑萃编》，浙江书局刊行，1900 年

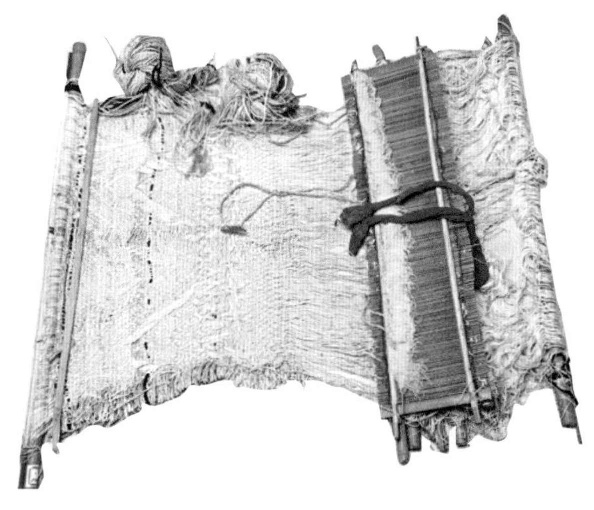

水傣族织机花本及综扣

| 中国丝绸博物馆藏 |

此套花本连有综扣，其中花本以线编制而成，为云南当地水族和傣族人织机上所使用。

台江苗族平绣鹡宇孵人袖片

| 贵州省博物馆藏 |

安顺苗族蜡染石榴蝴蝶纹垫单

| 贵州省博物馆藏 |

贵州、云南苗族、布依族等民族特别擅长蜡染。蜡染是用蜡刀蘸熔蜡绘花于布，再以蓝靛浸染，待去蜡，布面就呈现出蓝底白花，或白底蓝花等多种图案。在浸染中，作为防染剂的蜡自然龟裂，使布面呈现出特殊的冰纹，魅力十足。蜡染图案丰富，色调素雅，风格独特，用于制作服装服饰和各种生活用品，外观朴实大方、清新悦目，富有民族特色。

宋代鹭鸟纹彩色蜡染褶裙

丨王宪明　绘，原件藏于贵州省博物馆丨

这件鹭鸟纹彩色蜡染褶裙集挑花、刺绣、蜡染工艺手法于一体，纹样繁缛多变，呈色丰富多彩。图案模取的是早期铜鼓上的鹭鸟纹，画面大、线条流畅、着色不多，融欢乐、严谨、热烈、大方为一体，呈现了古代少数民族的艺术观及工艺技术。它对于研究贵州蜡染史、古代贵州民族服饰及其演变有着重要的实证作用。

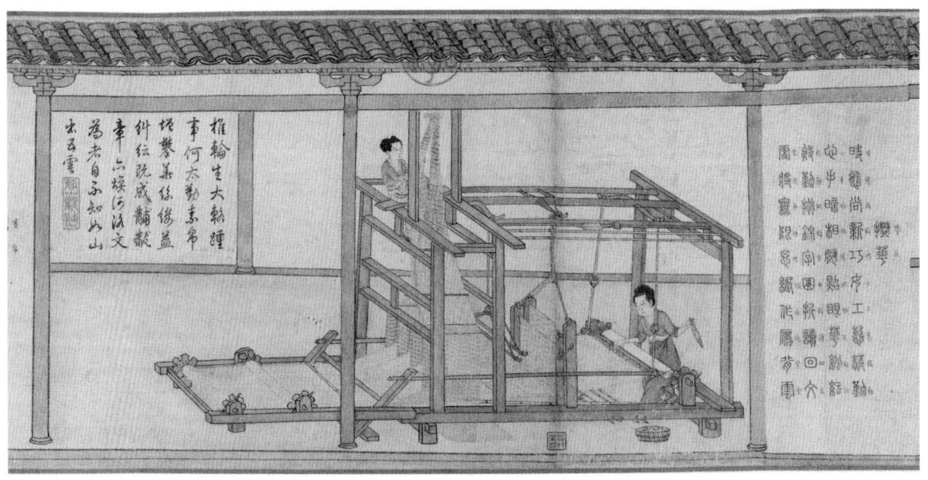

攀花：《耕织图》，南宋楼璹原作，元代程棨摹

楼璹《耕织图》中绘有一部大型提花机，有双经轴和十片综，上有挽花工，下有织花工，相互呼应，织造结构复杂的花纹。中国古代精巧的提花机造就了精美的丝绸。11—12世纪，中国的提花机传入欧洲，对此后的工业革命产生了重要影响。

攀花：《御制耕织图》，清代焦秉贞绘，康熙三十五年彩绘本

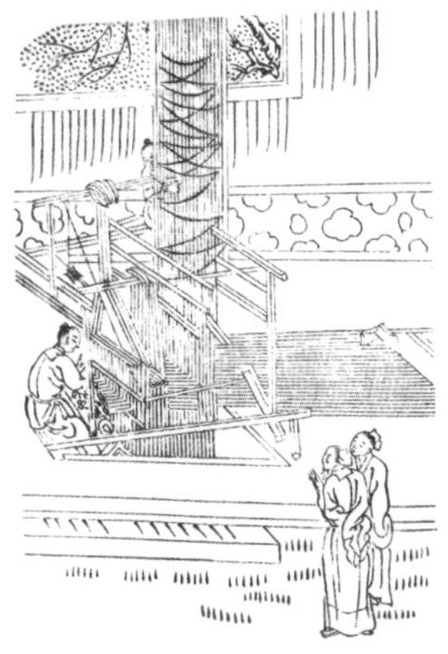

攀花图：卫杰《蚕桑萃编》，浙江书局刊行，1900 年

织紝图：杨屾《豳风广义》，宁一堂藏版，1740 年

花机图：宋应星《天工开物》，崇祯十年涂绍煃版

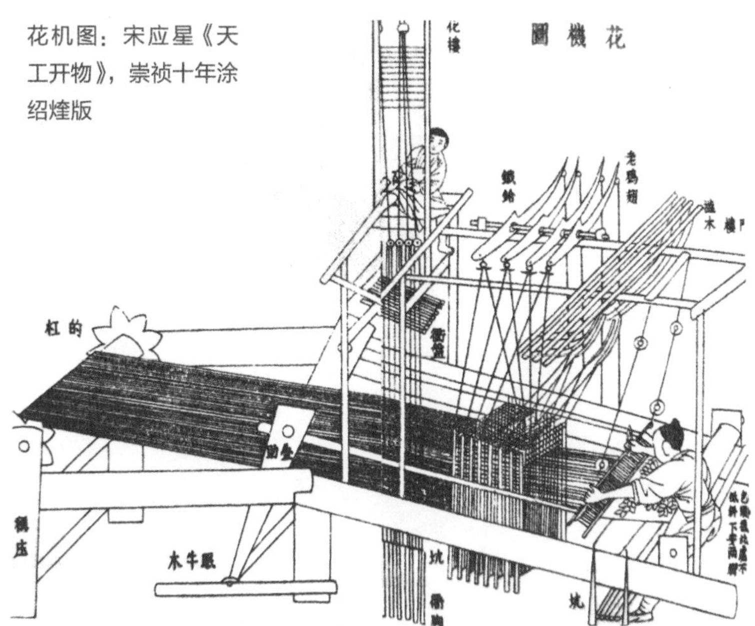

第五章

惊艳世人

宋元明清蚕桑丝织的精湛与繁荣

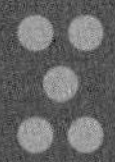

宋元明清是中国蚕桑丝织技术发展的巅峰时期，中国蚕桑丝织品以极其精湛的技艺所呈现出的面貌受到海内外消费者的青睐，举世闻名。宋代以来江南蚕桑生产技术不断提高，至明清更加繁荣。随着丝绸贸易的兴起，海上丝绸之路逐渐形成。蚕桑专业书籍的大量涌现成为这一时期的重要特点，大量文字记载传承了中国传统的蚕桑文化。晚清以来，蚕桑丝织技术开启了近代化历程。丝织业逐渐融入国际市场，开始参与国际竞争。

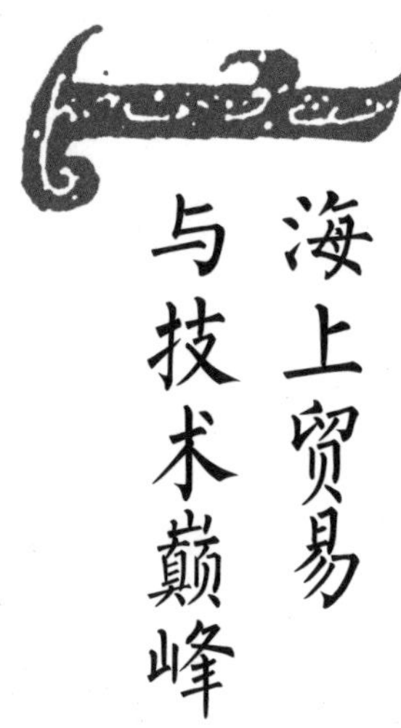

第一节 海上贸易与技术巅峰

宋元明清时期，海上贸易不断发展，丝绸成为重要的贸易商品。随着经济重心的南移，太湖流域蚕桑丝织技术出现了大发展，尤其是杭嘉湖地区创造了传统蚕桑丝织技术巅峰。

宋代，造船技术和航海技术发展，南宋政府于嘉定十二年（1219 年）下令以丝绸交换外国商品，中国丝绸输出日益增多，与中国进行丝绸贸易的国家和地区遍及亚、非、欧、美各大洲，覆盖了大半个地球，海上丝绸之路的发展也进入了鼎盛阶段。

与此同时中国的植桑、养蚕、缫丝、织绸技术开始向外传播。11 世纪传入意大利，之后逐渐传遍欧洲。15 世纪末航海大发现之后，西班牙用从美洲殖民地开采的白银向中国换取了大量的生丝与丝绸。这些丝织品在西班牙，甚至美洲殖民地都深受欢迎。16 世纪，法国致力于发展本国的丝绸工业。17—18 世纪，里昂已获得欧洲“丝绸之都”的美誉。路易十四时期，法国的丝绸制品已成为当时欧洲的时尚。

12 世纪拜占庭丝绸长袍残片

| 王宪明　绘 |

查士丁尼皇帝拿到蚕茧

| 王宪明　绘 |

公元 552 年，拜占庭皇帝查士丁尼一世为了发展丝绸产业，派遣两名使者到中国，用空心竹竿窃走蚕卵。此后，拜占庭丝绸逐渐闻名。1204 年君士坦丁堡被围困，丝绸业衰落，2000 名熟练织工前往意大利。意大利丝绸业借此蓬勃发展起来，产品占领了整个欧洲市场。

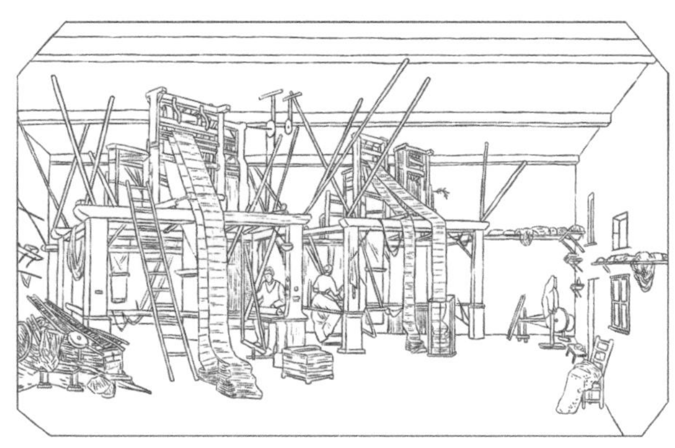

18 世纪里昂丝织厂

| 王宪明　绘 |

由于法王路易十一大量种植桑树，并赋予丝绸前所未有的高贵地位，法国丝绸贸易的地位逐渐超越了意大利。1540 年法国里昂被授予丝绸生产专营权，有超过 12000 名里昂人以丝绸业为生。今天，里昂的众多丝绸主题博物馆成为当地的旅游景点，许多世界知名奢侈品牌仍以里昂为主要制作基地。

北宋时期，中国丝绸制品输出持续增多，仅全国二十五路之一的两浙路向政府缴纳的绢，就占了全国总数的1/4，此间尤以嘉兴、湖州一带的蚕桑业最盛。南宋时期，太湖流域蚕桑生产发展更加迅速。许多北方躲避战乱南逃的流民成为江南地区蚕桑业发展不可或缺的技术劳动力，太湖地区农村的蚕桑丝织业十分繁荣。当时，太湖地区普遍饲养四眠蚕，其所产丝茧比北方饲养的三眠蚕质优，说明长江流域的养蚕技术已比北方先进。明清时期，棉花最终取代丝麻成为主要的制衣原料，导致蚕桑业在许多地区趋于萎缩，但是杭嘉湖地区蚕桑生产依然繁荣，并取得了蚕桑丝织生产与工艺的辉煌成就。

蚕眠：宗景藩《绘图蚕桑图说》，吴嘉猷绘，光绪十六年

初眠、再眠、三眠：
卫杰《蚕桑图说》，
1895年

宋元明清时期，家蚕饲养技术不断发展，高产稳产的技术经验已得到总结。技术进步还表现在蒸茧法的发明以及选留良种受到重视。宋元时还出现了天浴的技术，注重从蚕的生理上择优。《农桑辑要》将育蚕经验总结和概括为十个字，集中反映了这一时期养蚕经验的丰富成就。

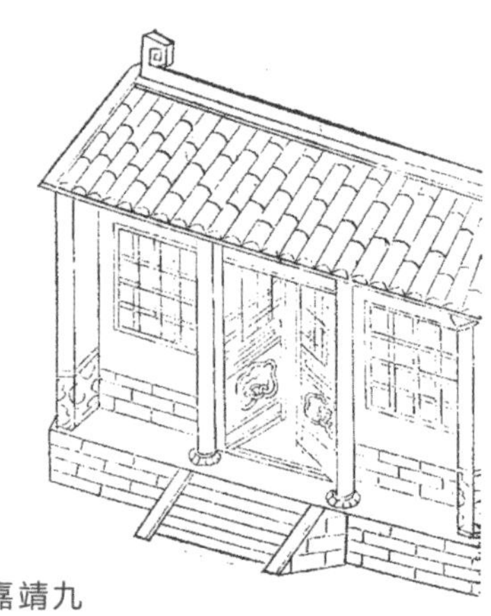

蚕室:《王祯农书》，嘉靖九年山东布政司刊本

蚕室：杨屾《豳风广义》，宁一堂藏版，1740 年

头眠图：杨屾《豳风广义》，宁一堂藏版，1740 年

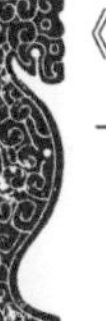

《农桑辑要》总结十字育蚕经验：

“十字经验”指十体、三光、八宜、三稀、五广十个字。“十体”，《务本新书》记载：养蚕要注意掌握“寒、热、饥、饱、稀、密、眠、起、紧、慢”。“三光”，为古代蚕农通过蚕体皮色变化来确定饲养措施之尺度，《蚕经》记载：“白光向食，青光厚饲，皮皱为饥，黄光以渐住食。”“八宜”，即强调要注意养蚕环境，《韩氏直说》记载：“方眠时，宜暗。眠起以后，宜明。蚕小并向眠，宜暖，宜暗。蚕大并起时，宜明，宜凉。向食，宜有风，避迎风窗，开下风窗。宜加叶紧饲。新起时怕风，宜薄叶慢饲。蚕之所宜，不可不知；反此者，为其大逆，必不成矣。”“三稀”，《蚕经》载，“下蛾、上箔，入簇”要稀。“五广”，指养好蚕必须具备五个基本条件，即“一人、二桑、三屋、四箔、五簇”。

明清时期，植桑养蚕技术不断提高。桑树栽培技术进步良多，桑树嫁接、剪伐、枯桑更新，以及桑树施肥、病虫害防治都得到升级。太湖流域原有的桑树称“荆桑”，也叫野桑。湖桑是一种低干桑，南宋时期由鲁桑南移至浙江的杭嘉湖地区，经过人工和自然选择，由北方桑种与当地土桑嫁接，在当地独特的气候与生态条件下培育而成的优良品种。湖桑不是一个品种，而是对一个桑种的通称，因其高产优质、被各地引种而称为“湖桑”。中国桑树种质分属十几个品种，是世界上桑树品种最多的国家。

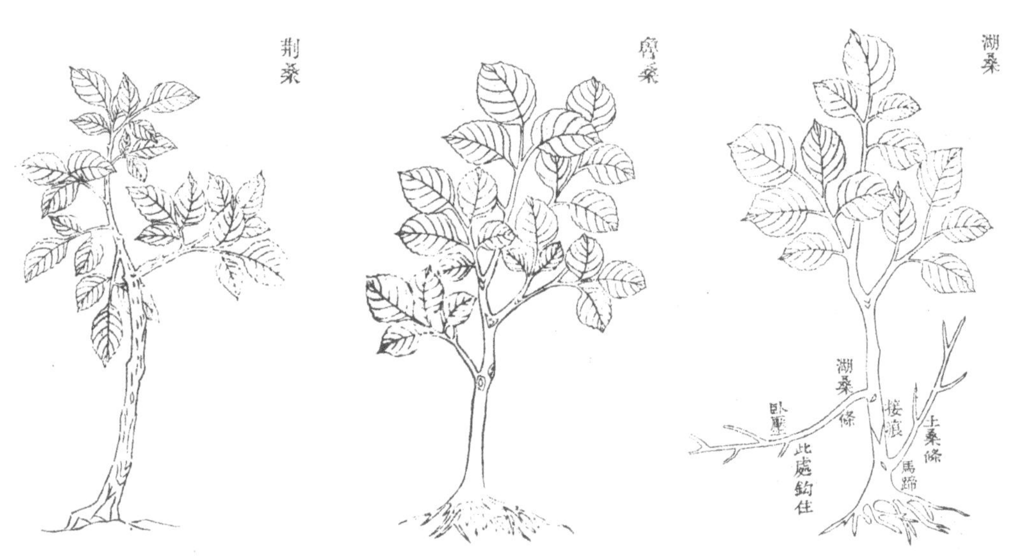

荆桑、鲁桑、湖桑：吴诒善《蚕桑验要》，光绪二十九年刻本

袋接技术是中国古代的一种桑树嫁接技术，明清时期在桑园管理中普遍使用。传统的“袋接法”繁苗技术一般分为两种：一是在原实生苗圃地留部分苗就地嫁接，叫广接；二是实生苗圃地疏掘出的部分实生苗移植到准备好的圃地再嫁接，叫火培接，此法多用。袋接操作手法：把接穗削成斜面的前端，插入砧木切面捏开皮层和木质部分离的袋口中，使愈合成活。这种嫁接方法操作简易，成活率高，适于大面积育苗。

接桑：宗景藩《绘图蚕桑图说》，吴嘉猷绘，光绪十六年

明代初年，珠江三角洲已在利用花簇。竹制花簇的创造基本解决了熟蚕上箔后的排湿问题。明代《便民图纂》首先记载了方格簇。方格簇是出现于太湖地区的一种簇具，对控制上簇密度，减少双宫、黄斑、柴印等屑茧，提高茧质具有重要作用。

《便民图纂》的两幅插图“上簇”和“炙箔”，清楚地描绘了明代太湖地区使用方格簇的情形。但是方格簇因其缺点，至清代，逐步被折帚簇、墩帚簇、蜈蚣簇等新簇具所取代。

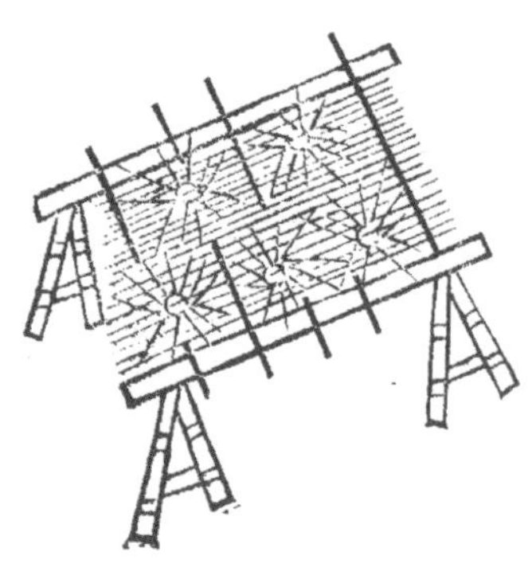

山棚芦簾草带式蚕簇：叶向荣《蚕桑说》，光绪二十二年刻本

上簇：《御制耕织图》，清代焦秉贞绘，康熙三十五年彩绘本

上簇：《耕织图》，南宋楼璹原作，狩野永纳摹写，和刻本，1676 年

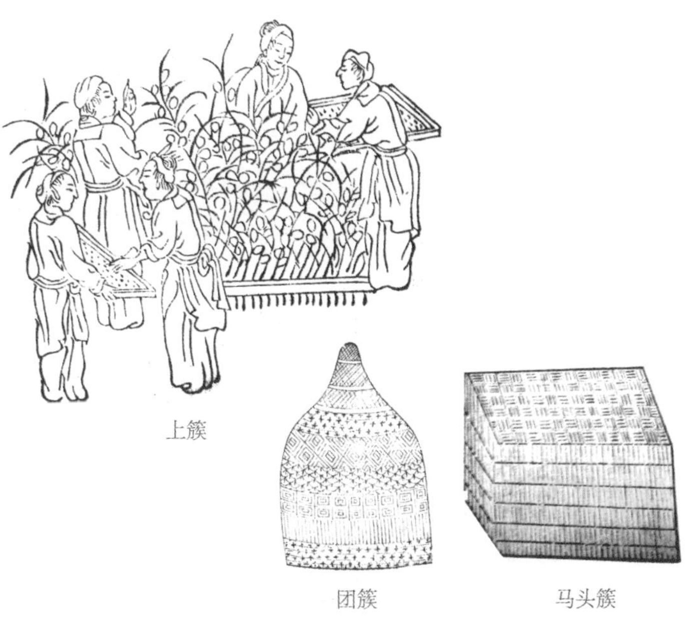

上簇、团簇、马头簇：卫杰《蚕桑萃编》，浙江书局刊行，1900 年

元明清时期，湖州桑基鱼塘系统逐渐成熟。明末清初，桑基鱼塘建设和种桑养鱼技术积累了丰富的经验，桑基鱼塘系统已相当完善。如今，“浙江湖州桑基鱼塘系统”成为全球重要农业文化遗产。

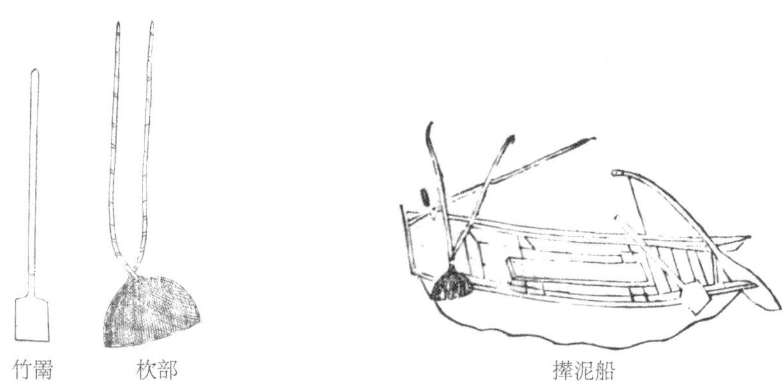

竹罱、杴部、摔泥船：俞墉《蚕桑述要》，同治十二年刻本
竹罱，水底有泥，驾船捞取，以此探入水中夹取，散置船舱运回，傍泊近桑地处。杴部，用长柄杴部摔拨上地，灵便而轻，自下而上，柄长则摔远。摔泥船，挖取淤泥作为肥料培植桑树。

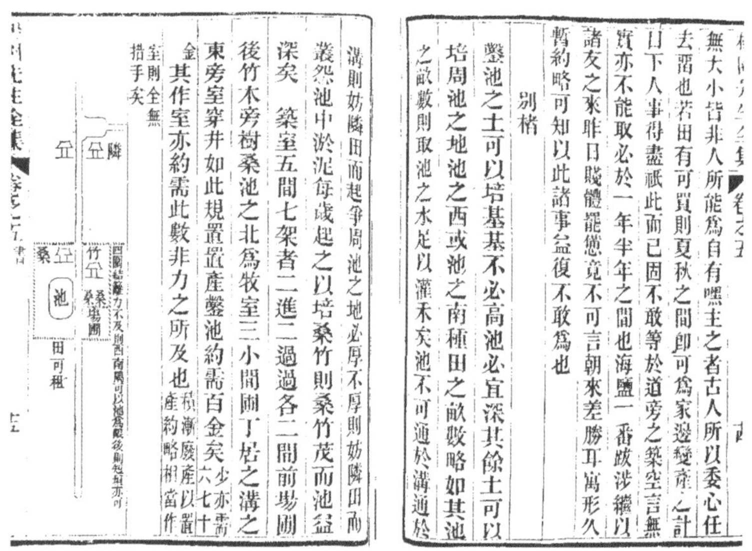

無大小皆非人所能爲自有嘿主之者古人所以委心任去留也若田有可買則夏秋之間即可爲家遊發產之計目下人事得盡祇此而已固不敢等於道旁之築室言無實亦不能取必於一年半年之間也海鹽一番跋涉纔以諸友之來昨日賤體罷憊竟不可言朝來差勝耳寓形久暫約略可知以此諸事益復不敢爲也

別稿

鑿池之土可以培基基不必高池必宜深其餘土可以培周池之地池之西或池之南種田之畝數略如其池之畝數則取池之水足以灌禾矣池不可通於溝通於溝則妨鄰田而起爭周池之地必厚不厚則妨鄰田而蓄泄池中淤泥每歲起之以培桑竹則桑竹茂而池益深矣　築室五間七架者二進二過過各二間前場圃後竹木旁樹桑池之北爲牧室三小間圃丁居之溝之東旁室穿井如此規置産鑿池約需百金矣少亦需六七十金　其作室亦約需此數非力之所及也積漸廢產以置產約略相當作室則全無措手矣

凿池四周栽桑：张履祥《杨园先生全集》，同治辛未夏江苏书局刊行

水塘:《王祯农书》,嘉靖九年山东布政司刊本

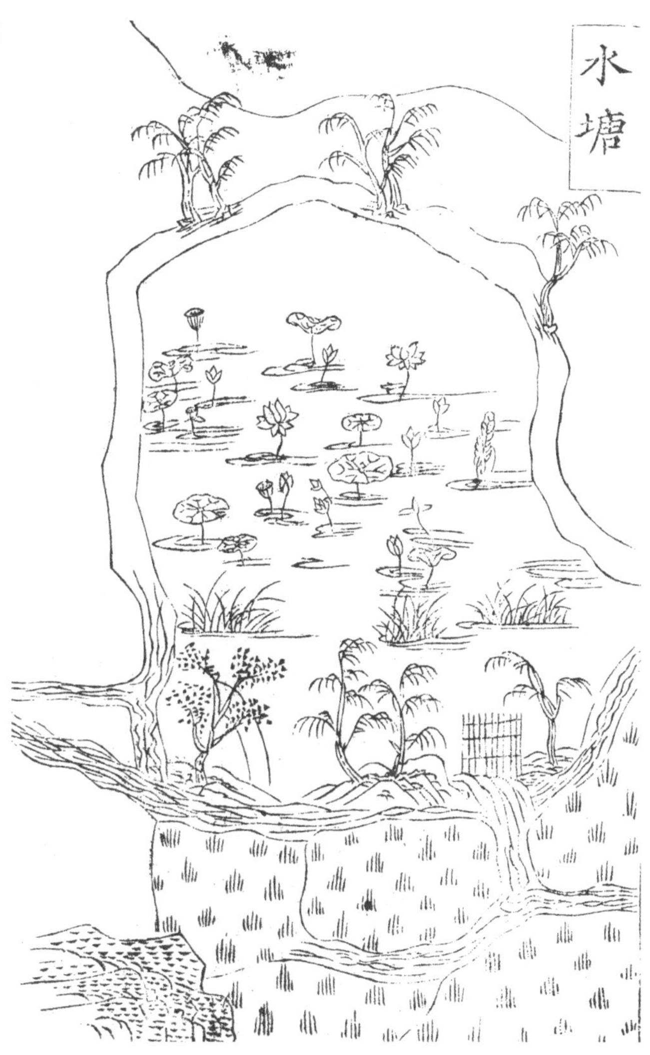

桑基鱼塘

桑基鱼塘是种桑养蚕同池塘养鱼相结合的一种生产经营模式，即在池埂上或池塘附近种植桑树，以桑叶养蚕，以蚕沙、蚕蛹等作鱼饵料，以塘泥作为桑树肥料，形成池埂种桑、桑叶养蚕、蚕蛹喂鱼和塘泥肥桑的生产结构或生产链条，两者互相利用，互相促进，达到鱼蚕兼取的效果。

第二节 蚕桑农书与官员劝课

宋元明清时期，蚕桑丝织专著不断被撰写出来，数量达二百多种，且内容丰富，成为传统蚕桑丝织技术与文化的重要留存载体。蚕桑书籍撰刊的背后，是大规模官员的劝课行为，充分展现了古代官员『济世救民』的思想内涵与治理实践。

北宋时期，秦观撰著的《蚕书》是现存最早的一部关于养蚕和缫丝的专书。在此书之前，中国古代蚕桑专书有淮南王《蚕经》、孙光宪《蚕书》等，但都已失传。秦观《蚕书》分为种变、时食、制居、化治、钱眼、锁星、添梯、车、祷神、戎治等10目，且叙述简明。

南宋陈旉撰写的《农书》是第一部反映南方水田农事的综合性农书，标志了宋代农业技术所达到的新水平。全书分上、中、下3卷，22篇，1.2万余字。下卷对栽桑和养蚕做了详细记载，首次将蚕桑作为农书中的一个重点内容记述。陈旉关于“坡塘堤上可以种桑，塘里可以养鱼，水可以灌田”的表述，体现了中国早期农业社会生态发展的理念。

秦观

《蚕书》记载：

予闲居，妇善蚕，从妇论蚕，作《蚕书》。考之《禹贡》，扬、梁、幽、雍不贡茧物，兖篚织文，徐篚玄纤缟，荆篚玄纁玑组，豫篚纤纩，青篚檿丝，皆茧物也。而桑土既蚕，独言于兖。然则九州蚕事，兖为最乎？予游济河之间，见蚕者豫事时作，一妇不蚕，比屋詈之，故知兖人可为蚕师。今予所书，有与吴中蚕家不同者，皆得兖人也。

蠶書

秦觀 少游

子閒居婦善蠶從婦論蠶作蠶書
考之禹貢揚梁幽雍不貢繭物兖篚織文徐篚玄纖縞
荆篚玄纁璣組豫篚纖纊青篚檿絲皆繭物也而桑土
既蠶獨言于兖然則九州蠶事兖爲最乎予游濟河之
間見蠶者豫事時作一婦不蠶比屋詈之故知兖人可
爲蠶師今予所書有與吳中蠶家不同者皆得之兖人
也

蠶書　一　知不足齋叢書

秦观《蚕书》，乾隆知不足斋丛书刊本

古者四民農處其一洪範八政食貨居其二食謂嘉穀
可食貨謂布帛可衣蓋以生民之本衣食爲先而王化
之源飽煖爲務也上自神農之世斲木爲耜揉木爲耒
耒耜之利以教天下而民始知有農之事堯命羲和以
欽授民時東作西成使民知耕之勿失其時舜命后稷
黎民阻飢播時百穀使民知種之各得其宜及禹平洪
水制土田定貢賦使民知田有高下之不同土有肥磽
之不一而又有宜桑宜麻之地使民知蠶績亦各因其
利殷周之盛書詩所稱井田之制詳矣周衰魯宣稅畝

農書　一　知不足齋叢書

陈旉《农书》，乾隆知不足斋丛书刊本

《农桑辑要》成书于至元十年（1273 年），是元代司农司编纂的一部综合性农书。由孟祺、畅师文、苗好谦等编写与修订，政府颁发，以指导各地农业生产。《农桑辑要》对中国 13 世纪以前的农耕技术经验做了系统性研究。全书共 7 卷，包括典训、耕垦、播种、栽桑、养蚕、瓜菜、果实、竹木、药草、孳畜等 10 部分内容，分别叙述中国古代有关农业的传统习惯和重农言论，以及各种作物的栽培，家畜、家禽饲养等技术。

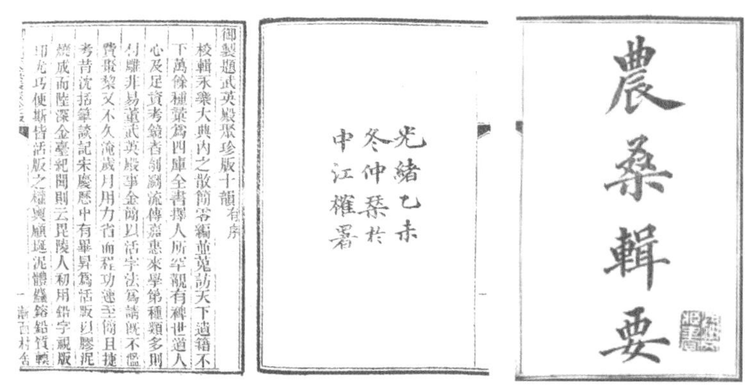
農桑輯要

光緒乙未冬仲栞於中江榷署

御製題武英殿聚珍版十韻有序
校輯永樂大典內之散簡零編並蒐訪天下遺籍不
下萬餘種彙爲四庫全書擇人所罕覯有裨世道人
心及足資考鏡者剞劂流傳嘉惠來學第種類多則
付雕非易董武英殿事金簡以活字法爲請既不濫
費棗梨又不久淹歲月用力省而程功速至簡且捷
考昔沈括筆談記宋慶歷中有畢昇爲活版以膠泥
燒成而陸深金臺紀聞則云毘陵人初用鉛字視版
印尤巧便斯皆活版之權輿顧埏泥體麤鎔鉛質輭

《农桑辑要》刻本，光绪乙未中江榷署刊本

元成宗时（1295—1300 年），王祯曾在旌德、永丰任职，其间认真组织劝农，1313 年撰成《王祯农书》。全书共计 37 集，371 目，约 13 万字。第一部分即为“农桑通诀”，总论耕垦、耙劳、播种、锄治、粪壤、灌溉、收获，以及植树、畜牧、桑缫等；第二部分为“百谷谱”；第三部分为“农器图谱”。

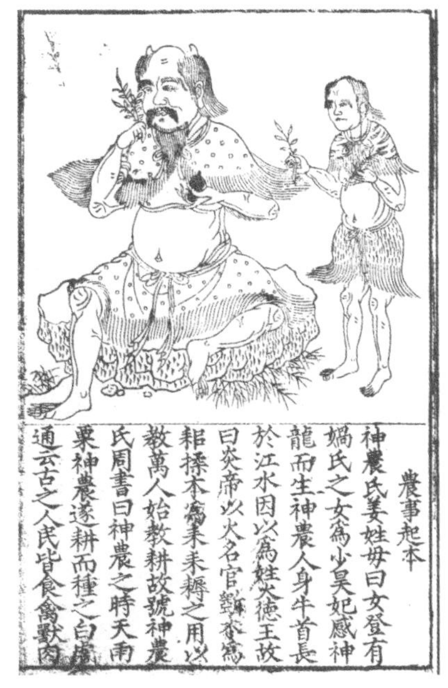

农事起本：《王祯农书》刻本，嘉靖九年钤八千卷楼珍藏善本等印，南京图书馆

蚕事起本：《王祯农书》，嘉靖九年山东布政司刊本

元代维吾尔族农学家鲁明善于延祐元年（1314 年）出任安丰肃政廉访使，兼劝农事。他坚持农本思想，并以农桑为本，编纂刊印《农桑衣食撮要》。该书为月令体，月下条列农事与做法。全书分上、下 2 卷，共 1.5 万余字。记载农事 208 条，如气象物候、农田水利、作物蔬菜、瓜果竹木、植桑养蚕、家禽蜜蜂、粮食种子、食品衣物等，内容极丰。

明代黄省曾（1490—1540）所撰《蚕经》，又称《养蚕经》，是第一部关于江南地区栽桑养蚕的专书，书中对苏杭一带种桑养蚕的经验做了系统性总结。《明儒学案》记黄省曾，“少好古文，解通《尔雅》。为王济之、杨君谦所知”。嘉靖十年（1531 年）以《春秋》乡试中举，名列榜首，后进士累举不第，便放弃了科举之路，转攻诗词和绘画，精通农业与畜牧。

黄省曾《蚕经》《百陵学山》刻本，上海商务印书馆据明隆庆本影印，1938 年

《农桑衣食撮要》刻本

《农政全书》刻本

| 作者摄于西北农林科技大学中国农业历史博物馆 |

明万历年间，徐光启（1562—1633）撰写《农政全书》。全书共60卷，50余万字，分为12目，分别为农本、田制、农事、水利、农器、树艺、蚕桑、蚕桑广类、种植、牧养、制造、荒政。《农政全书》的蚕桑部分位于全书第31—34卷，依次是《总论》《养蚕法》《栽桑法》《蚕事图谱》《桑事图谱》。全书引用了诸如《王祯农书》《齐民要术》《农桑辑要》《务本新书》《士农必用》《桑蚕直说》《韩氏直说》《蚕经》等书中的蚕桑知识。

利玛窦、徐光启像：基歇尔《中国图说》，印刷于阿姆斯特丹，1668年

蚕槌：《农政全书》，崇祯十二年平露堂版

桑网：《农政全书》，崇祯十二年平露堂版

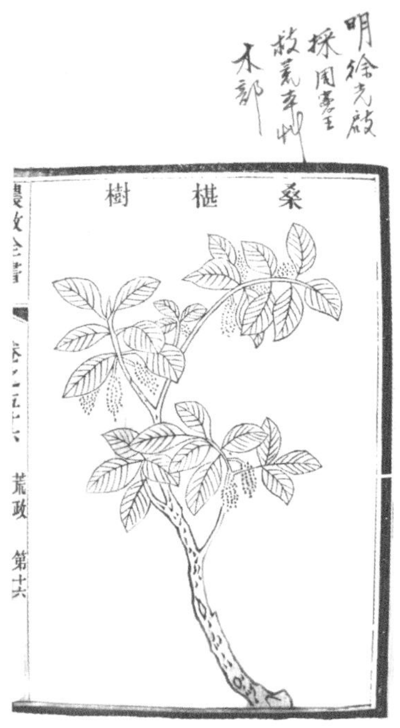

桑葚树：《农政全书》，南京农业大学

采摘桑叶图:《耕织图》，南宋楼璹原作，元代程棨摹

采桑:《御制耕织图》，清代焦秉贞绘，康熙三十五年彩绘本

明末清初，宋应星（1587—1666）撰《天工开物》。该书共3卷18篇，记载各类农业与手工业技术，附123幅插图，描绘130多项技术和工具的名称、形状、工序。其中蚕桑丝织部分的内容包括：蚕种、蚕浴、种忌、种类、抱养、养忌、叶料、食忌、病症、老足、结茧、取茧、物害、择茧、造绵、治丝、调丝、纬络、经具、过糊、边维、经数、花机式、腰机式、结花本、穿经、熟练、龙袍、倭缎。《天工开物》是世界第一部关于农业和手工业生产的综合性百科全书，被称为“中国17世纪的工艺百科全书”。

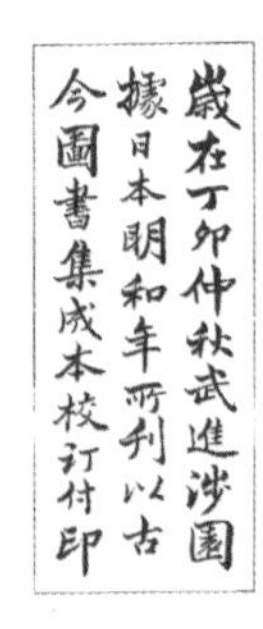
歲在丁卯仲秋武進涉園
據日本明和年所刊以古
今圖書集成本校訂付印

《天工开物》刻本，明宋应星著，罗振玉署，武进涉园据日本明和八年刊本，1927年

宋应星

《天工开物》记载：

天孙机杼，传巧人间。从本质而见花，因绣濯而得锦。乃杼柚遍天下，而得见花机之巧者，能几人哉？“治乱”“经纶”字义，学者童而习之，而终身不见其形象，岂非缺憾也！先列饲蚕之法，以知丝源之所自。盖人物相丽，贵贱有章，天实为之矣。

张履祥（1611—1674）对《沈氏农书》加以辑录整理并作跋文。该书共4部分，包括“逐月事宜”“运田地法”“蚕务（六畜附）”和“家常日用”，以水稻生产为主，兼及栽桑、育蚕等相关内容。顺治十五年（1658年），张履祥编成《补农书》下卷，分“补《农书》后”“总论”“附录”3部分，以栽桑、育蚕为主，兼及水稻。《补农书》对桐乡一带栽桑养蚕、畜牧饲养等农业生产影响深远。

张履祥像：张履祥《杨园先生全集》，同治辛未夏江苏书局刊行

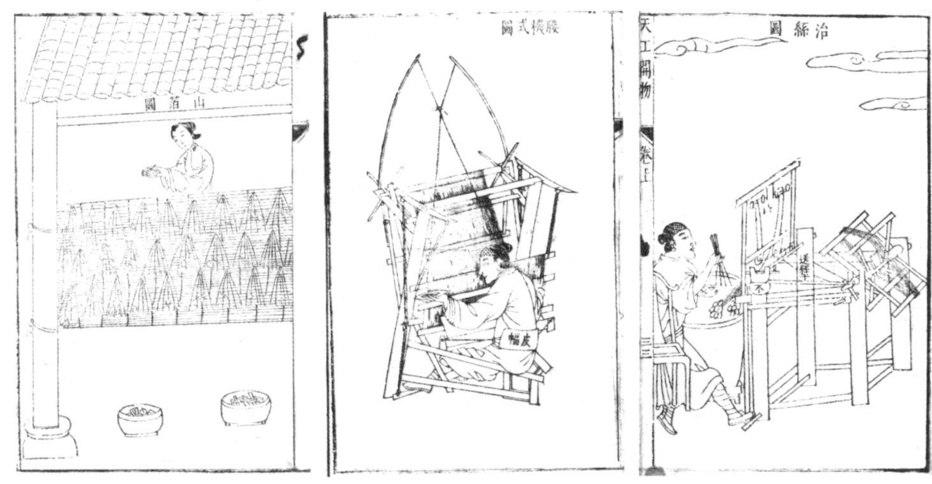

山箔图、腰机式图、治丝图：宋应星《天工开物》，崇祯十年涂绍煃版

《耕织图》是南宋绍兴年间画家楼璹所作，包括耕图 21 幅、织图 24 幅。该作得到历代帝王的推崇和嘉许，其中“天子三推”“皇后亲蚕”“男耕女织”，描绘了中国古代社会小农经济的美好图景。康熙南巡时见到《耕织图》，感慨于织女之寒、农夫之苦，传命内廷供奉焦秉贞在楼绘基础上重新绘制。康熙三十五年（1696 年），焦秉贞奉旨运用西洋画的焦点透视法绘制了《耕织图》46 幅。第 1 幅至 23 幅为耕图，第 24 幅至 46 幅为织图。其中织图的内容包括：

成衣：《御制耕织图》，清代焦秉贞绘，康熙三十五年彩绘本

浴蚕、二眠、三眠、大起、捉绩、分箔、采桑、上簇、炙箔、下簇、择茧、窖茧、练丝、蚕蛾、祀谢、纬、织、络丝、经、染色、攀花、剪帛、成衣。每幅图的空白处均以小楷题楼璹所作五言律诗一首。康熙五十一年（1712 年），此图刻印成书。康熙五十三年（1714 年），颁布此书为《御制耕织图》。其后，乾隆帝再收集和翻刻《耕织图》。

经：《御制耕织图》，清代焦秉贞绘，康熙三十五年彩绘本

清代杨屾（1687—1785）所著《豳风广义》，是一部论述陕西蚕桑生产兼及畜牧兽医的综合性农书。杨屾是一位讲求经世致用之学的理学家和农学家，一生居家讲学，经营农桑。他曾建立“养素园”，种桑、养蚕、畜牧、粪田，事必躬亲，验证农书成说，总结生产经验。《豳风广义》于乾隆五年（1740 年）完成，书分 3 卷，约 8 万字，主要记载养蚕、植桑、织帛等内容，并附图 50 余幅说明有关方法和工具。该书所述技术方法等素材，有的来自古书资料，有的来自南方友人，有的记载本人经验，但都经过作者亲身实践、反复斟酌，具有很强的实用价值。

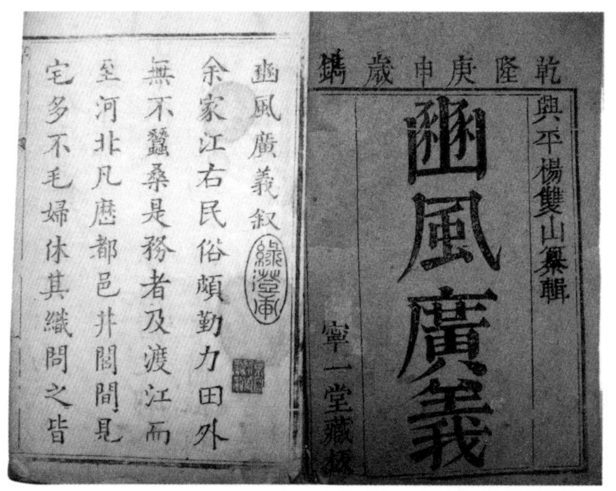

乾隆庚申歲鐫

豳風廣義

興平楊雙山纂輯

寧一堂藏板

豳風廣義叙

余家江右民俗頗勤力田外無不蠶桑是務者及渡江而至河北凡歷都邑井閭間見宅多不毛婦休其織問之皆

《豳风广义》刻本：杨屾《豳风广义》，宁一堂藏版，1740 年

秦中豳风王政劝桑图：杨屾《豳风广义》，宁一堂藏版，1740 年

养素园墙内周围树桑图：杨屾《豳风广义》，宁一堂藏版，1740 年

清道光年间，杨名飏撰《蚕桑简编》，该书成为劝课农桑的经典之作。杨名飏曾在陕西汉中府为官多年，嘉道时期受杨屾、叶世倬、周春溶撰刊劝课蚕书熏染，以及经世致用理念促使，于汉中府劝课蚕桑，撰刊《蚕桑简编》。因其劝课行为得到道光皇帝褒奖，《蚕桑简编》深受后继劝课农桑的名臣推崇，多次重刊，流传广泛。该书流传过程中内容变化不大，技术选用地区明确，基本形成了现今中国传统蚕桑农书固有的体例、形式与内容。

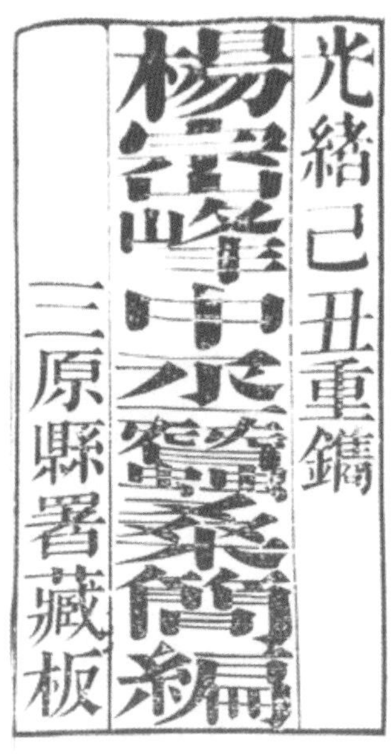
光緒己丑重鐫
楊谿中丞蠶桑簡編
三原縣署藏板

《蚕桑简编》，光绪十五年三原县署刻本

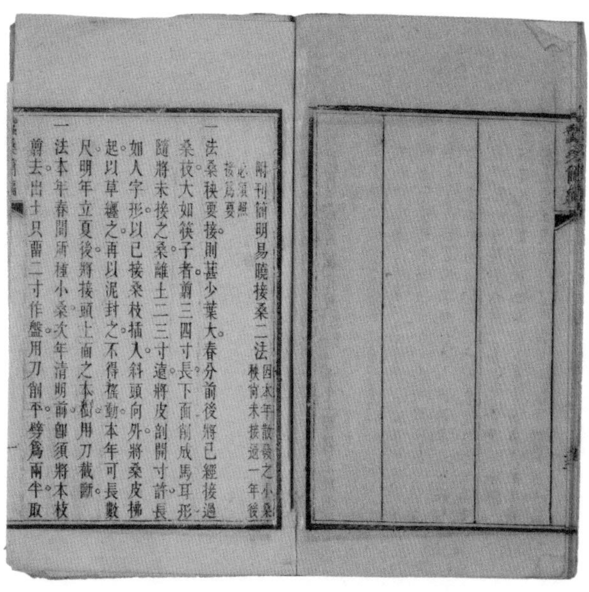

附刊簡明易曉接桑二法 因本年散發之小桑秧尚未接過一年後必須照接爲要

一法桑秧要接。則葚少葉大。春分前後。將已經接過桑秧大如筷子者。剪三四寸長。下面削成馬耳形。隨將未接之桑離土二三寸遠。將皮剖開寸許長如人字形。以已接桑枝插入。斜頭向外。將桑皮拂起。以草纏之。再以泥封之。不得搖動。本年可長數尺。明年立夏後。將接頭上面之本樹用刀截斷。

一法本年春間所種小桑。次年清明前。卽須將本枝剪去。出土只留二寸作盤。用刀削平。劈爲兩半。取

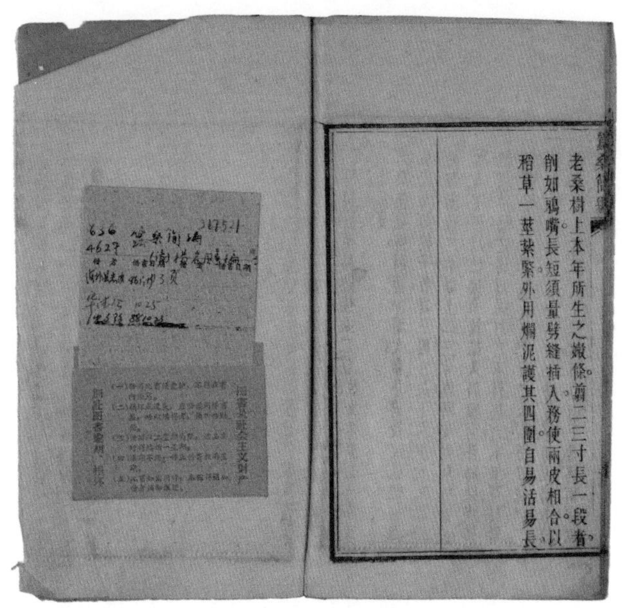

老桑樹上本年所生之嫩條。剪二三寸長一段。着削如鴉嘴。長短須量劈縫插入。務使兩皮相合。以稻草一莖紮緊。外用爛泥護其四圍。自易活易長

杨名飏《蚕桑简编》，光绪年间刻本，浙江图书馆

该书最早版本见于陕西省图书馆藏道光九年（1829 年）版，落款为：岁次已丑季夏月既望识于汉中府官廨滇南杨名飏。另外，该书被收录于吴荣光《牧令书》卷十农桑下，道光二十八年（1848 年）秋镌。光绪年间该书又被多次翻刻，广泛流传。

《蚕桑合编》是嘉道年间经世学派代表性人物魏源仅有的直接参与撰刊的农学著作，道光二十四年（1844 年）由文柱首刊，到光绪年间已衍生出许多相关蚕书。《蚕桑合编》的刊刻流传契合了晚清大规模劝课蚕桑的时代背景，作为传统蚕桑技术与文化的文本，历经文柱、沈则可、连常五、张清华、许道身、尹绍烈、沈秉成、谭钟麟、豫山、恽畹香等人辑录、增补、重刊，流传最广，影响最大。

晚清，沈秉成著《蚕桑辑要》。该书有诸家杂说、图说各 1 卷，书前附“告示规条”，书后附沈炳震辑乐府（以蚕桑为题材）20 首。蚕桑农书作为传统蚕桑技术重要的传承载体，也是地方劝课官员大规模引进与推广蚕桑技术的重要工具。

丝车床总图：沈秉成《蚕桑辑要》，同治版本

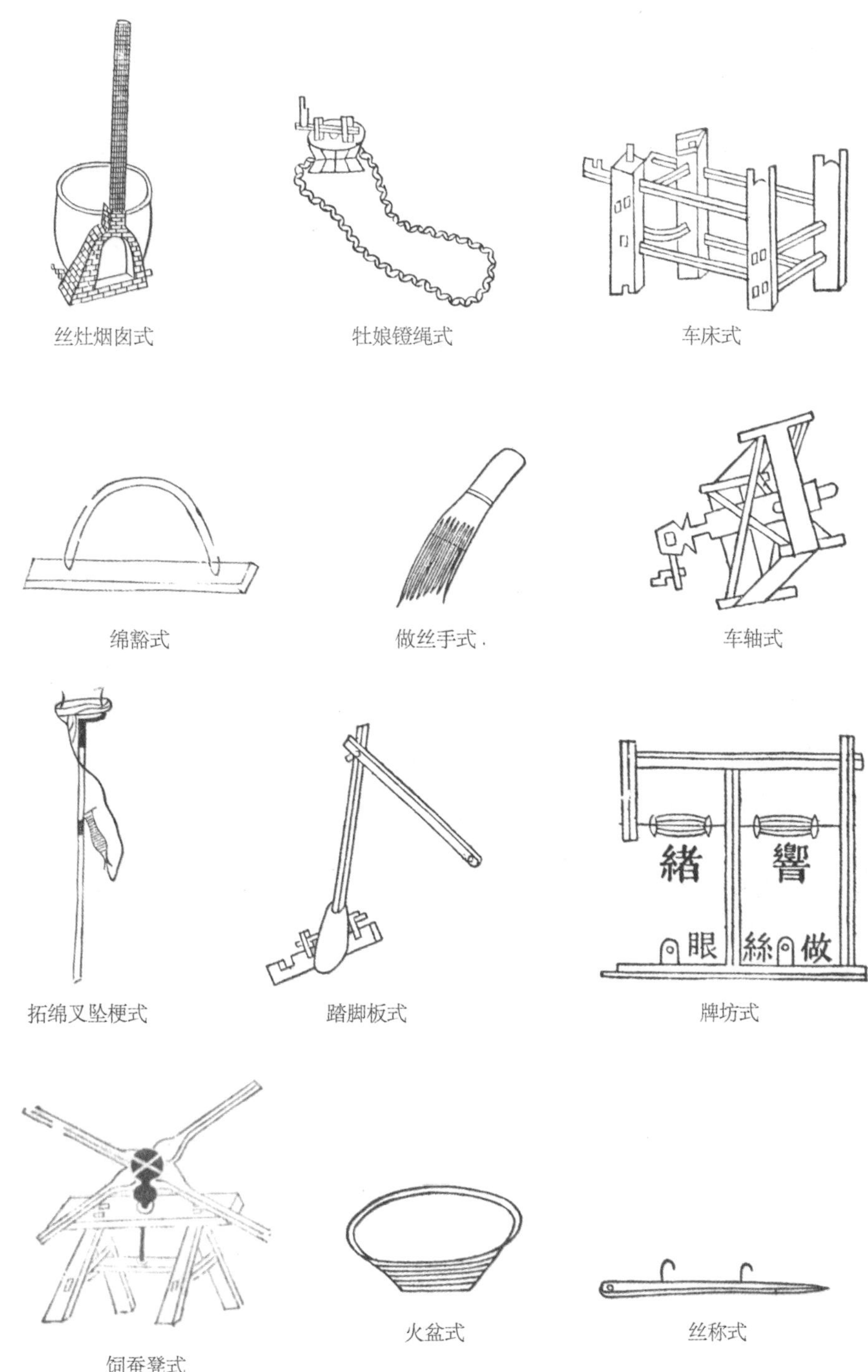

缫丝工具：沈秉成《蚕桑辑要》，同治版本

道光甲辰季冬鐫
蠶桑合編
本衙藏板

陆伊湄、沙式庵、魏默深辑《蚕桑合编》，澳大利亚国家图书馆

《蚕桑合编》，丹徒县正堂沈重镌板存县库，陕西省图书馆

《蚕桑汇编》，沙石安重刊，复旦大学

《蚕桑图说合编》，高廉道许重刊，高州富文楼藏版

同治戊辰孟春
蠶桑輯要合編
板存蘇城培元蠶桑局

《蚕桑辑要合编》，板存苏城培元蚕桑局，西北农林科技大学

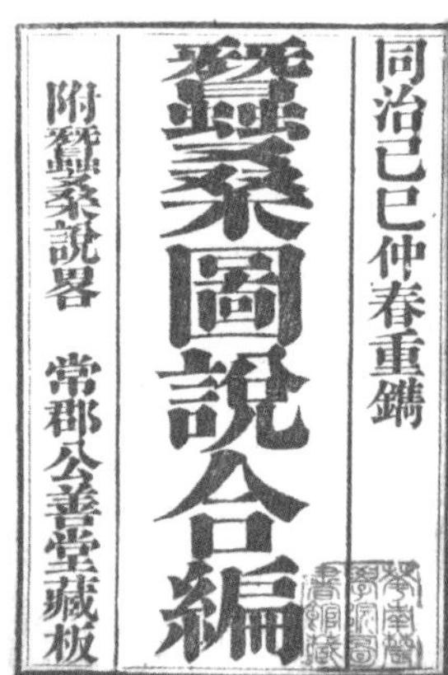
同治己巳仲春重鐫
蠶桑圖說合編
附蠶桑說畧
常郡公善堂藏板

《蚕桑图说合编》，常郡公善堂藏版，华南农业大学

同治辛未夏六月
常鎮通海道署刊

世人泥禹貢桑土既蠶之説謂種桑之地必擇土性所
宜以致天下大利輒為方隅所限不知五畝之宅可樹
桑匹婦之家可飼蠶天下有土之地皆可種桑之地皆
可養蠶之地也文王善養老於西岐孟子策王政於齊
魏俱以樹桑為首務未嘗慮土性不宜其明證矣彼斤
斤然謂遷地弗良者皆游惰之民不善治生遂使先王
良法美意不能徧及於天下豈不重可惜哉浙之湖州
蠶桑與農事並重男耕女織𣸸為風俗秉成生長是邦
親見每年所出之絲四方來購者相望於道竊謂此利
若推之他省更可衣被無窮私願所存有志未逮同治
己巳夏季

《蚕桑辑要》，常镇通海道署刊本

光緒九年季春
金陵書局刊行

鎮郡鄉民祇知耕稼不知蠶桑是以地多曠土家無蓋
藏兵燹後尤甚獄不治同治己巳冬觀察吳興沈公奉
命來鎮是邦軫念民瘼周歷原野遂出俸錢興蠶桑之利學
諧蒙憲諭董正其事因商諸同志學博張君太生貳尹
張君閏洪司馬沙君石安尚以鎮地彫敝一時籌款維
艱為慮其時別駕沈君增司馬魏君昌壽力為慫恿設
法貸資又得少尉包君履正鄖張君維楨理問汪君淦
貳尹蔡君慶坊廣文沈君鳳藻皆觀察同里素樂善贊
成其事遂設局於城西之南郊購桑分給鄉民并遴雇
湖屬善種之人教以樹藝之法一時分司其責如少府
汪君玉振少尉楊君懋徽太學王君錦勳茂才甠君世

《蚕桑辑要》，金陵书局刊本

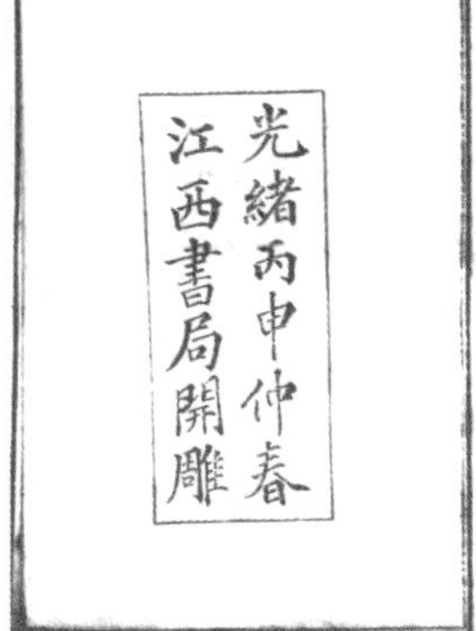

光緒丙申仲春
江西書局開雕

古之言治者農與桑並重詩言
蠶月條桑其地在豳孟子言牆
下樹桑其地在岐而今西北苦
寒鮮蒔桑育蠶者豈土宜異今
古地脉判肥磽歟我
聖朝勤政恤民知民之大利非農事

《蚕桑辑要·广蚕桑说》，江西书局合刊本

清末，卫杰编成《蚕桑萃编》。该书汇集多种蚕书中的文献，共分 15 卷，是中国古代篇幅最大的一部蚕书。其中叙述栽桑、养蚕、缫丝、拉丝绵、纺丝线、织绸、练染共 10 卷，蚕桑缫织图 3 卷，外记 2 卷。《蚕桑萃编》内容详尽，通俗易懂。书中除介绍和评价中国古蚕书外，对当时中国蚕桑和手工缫丝织染的技术进行了重点叙述。书中的多锭大纺车，体现了当时中国手工缫丝织绸技术的最高成就。该书较全面地记载了从栽桑、养蚕，到织染、成布的全过程，并对不同地区的不同工艺分别予以描述与说明。

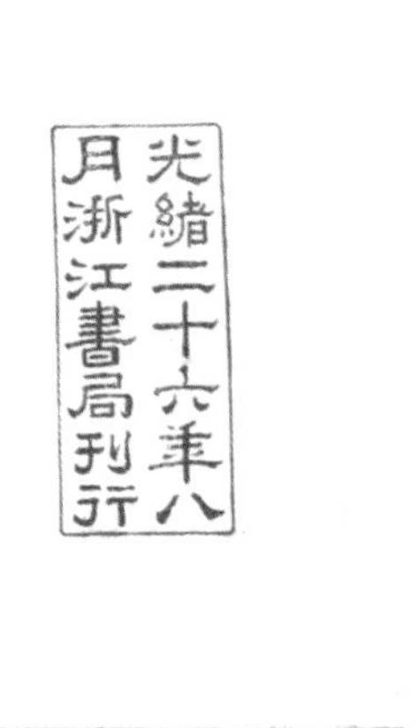

书封：卫杰《蚕桑萃编》，浙江书局刊行，1900 年

祈蚕神之蚕姑神祠：卫杰《蚕桑萃编》，浙江书局刊行，1900 年

中国古代儒家“修身治家齐国平天下”“济世救民”的思想深深影响着中国古代读书人。入仕后，官员多以劝课农桑为己任。汉代黄霸、龚遂、召信臣、茨充、张堪、王景等人，都以重视农桑为本。清代陈宏谋、叶世倬、李拔等名臣凭借劝课蚕桑闻名于世。而最有影响力的，当属乾隆年间的陈玉璧，由遵义郑珍所撰写，独山莫友芝订注的《樗蚕谱》中对此有明确记载。

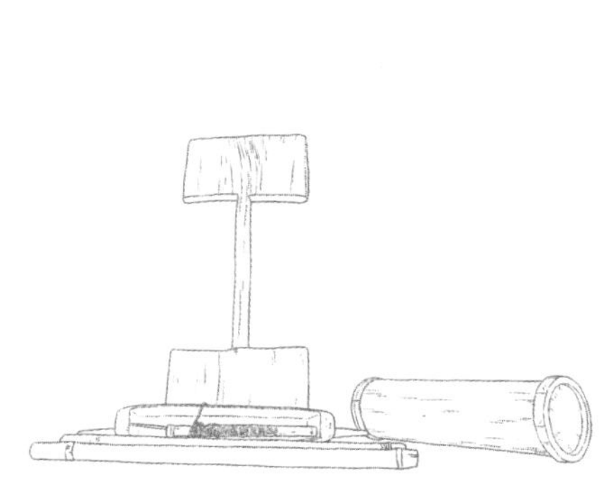

缫丝、纺车工具

| 王宪明　绘，原件藏于遵义市博物馆 |

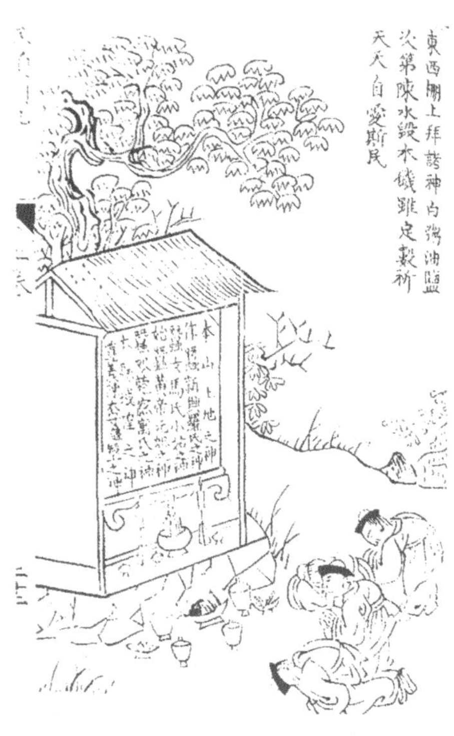

祈蚕图中陈玉璧牌位：刘祖宪《橡茧图说》，道光七年刻本

陈玉壂，山东省济南府历城县人，凭借父亲余荫任贵州遵义知府。他在任期间因见到遵义所辖各地满山遍野的青杠树，正是他家乡用来养柞蚕的槲树，于是决心兴办蚕丝事业。从此，遵义缫丝、织造业应运而生。“遵义府绸”名扬海内，遵义山蚕丝绸由此兴盛百年。

道光十八年（1838 年），清廷将陈玉壂列入名宦祠，后来，又分别在遵义凤朝门、苟江、尚嵇三处建祠堂，供奉神位，诏示后辈，勿忘蚕丝之父。如今，遵义人民依然怀念着陈玉壂，纪念陈玉壂的陈公祠也成为国家级重点文物保护单位。

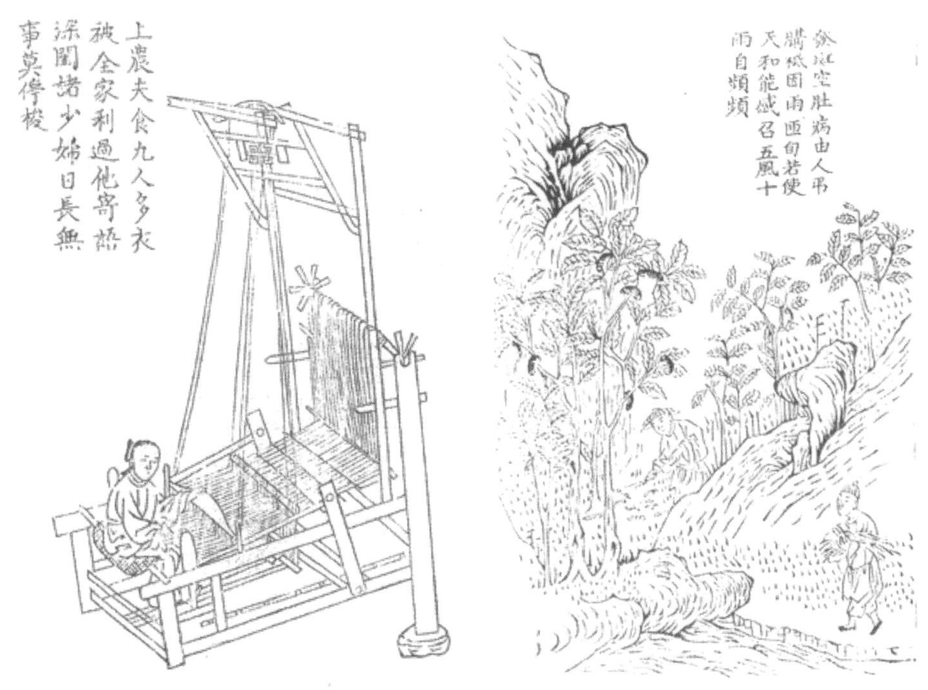

织机图、放养树上蚕病图：刘祖宪《橡茧图说》，道光七年刻本

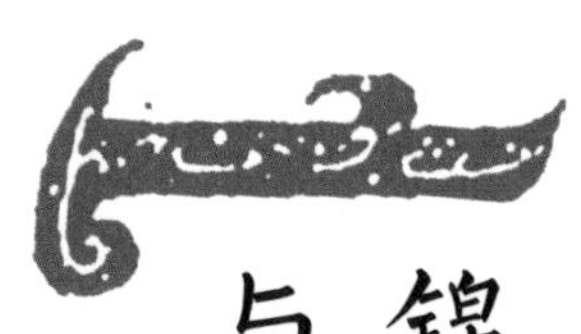

第三节 锦绣缂丝与织造缫丝

宋元明清时期，苏州宋锦、南京云锦、四川蜀锦成为全国并称的三大名锦。这一时期，出现苏绣、蜀绣、粤绣、湘绣四大名绣，以及上海顾绣，真可谓百花齐放，争奇斗艳。缂丝工艺精美绝伦，技艺高超。江南三家织造集齐能工巧匠，在高端织品上推陈出新。衮服与补服是古代官员等级划分的象征，极具文化内涵。缫丝是蚕桑丝织生产重要环节，这一时期已经成熟完备。

宋锦，是具有宋代织造艺术风格的织锦，织物以斜纹为基本组织，经线和纬线同时以显花为特征，因主要产地在苏州而称“苏州宋锦”。南宋时期，苏州设立了宋锦织造署，江南丝织业也开始进入全盛时期。当时，宋锦已有四十多个织锦品种。到了明代，宋锦样式已发展到上百余种。清代，苏州生产的宋锦具有宋代以来的传统风格特色，织工精细，纹样高雅。据其结构、工艺、用料、织物厚薄及使用性能的不同，分为大锦、小锦和匣锦三类。现在，宋锦已成为中国“锦绣之冠”，2009 年被列入世界非物质文化遗产。

明代橘红色地盘绦四季朵花纹锦裱片：苏州织造产

| 故宫博物院藏 |

此锦“艳而不火，繁而不乱”，原为“文徵明墨迹”包首，是宋锦中的上乘之作。花纹以盘绦构成六边形几何框架，芯内填以朵花海棠、勾莲、秋菊、蜀葵为主花。纹样构图布局均衡，色彩富丽典雅，层次分明。

云锦，是中国南京生产的著名丝织物品种，因其花纹色泽绚丽多彩，如彩云般美丽而得名。云锦始于元，盛于明清。明代，织锦工艺日臻成熟和完善，形成了具有南京地方特色的丝织提花锦缎工艺。清政府在南京设有“江宁织造署”，云锦织造一时极为兴盛，织造工艺达到最高水平。

南京云锦是一种提花丝织工艺品，主要用金线、银线、铜线与蚕丝、绢丝以及各种鸟兽羽毛等织造而成，丝织物尽显华贵，美轮美奂。云锦则为南京生产的库缎、库锦、妆花织物的总称。库缎，是在缎纹地上织本色花纹或其他颜色花纹的缎织物。库锦，是织物花纹全部用金或银线织出。妆花，是在绫、罗、绸、缎、纱、绢等地上起五彩花纹。明清时期妆花织物更趋成熟，织物品种丰富多样，织工精细。其纹饰多选取花卉、翎毛、鱼虫、走兽、祥云、八仙、八宝等寓意吉祥如意的图案；以红、黄、蓝、白、黑、绿、紫等色彩作基本色，以晕色法配色，色调浓艳鲜亮，绚丽而协调。

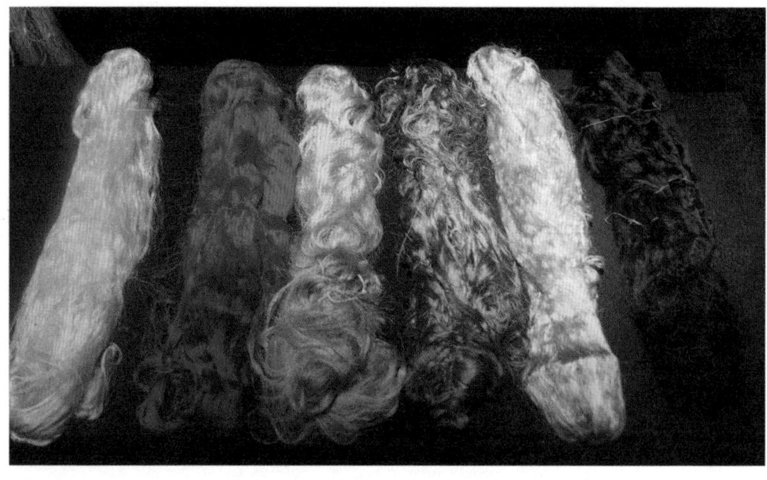

彩色丝线

| 罗铁家　摄 |

明宣德黄色天鹿月桂纹妆花纱裱片

| 故宫博物院藏 |

此妆花纱以黄色经、纬线织平纹纱地，以棕、墨绿、橘黄、黄、白、蓝、浅粉等色线及圆金、圆银线为纹纬与地经交织成平纹花。构图为3行小兔，间饰菊花和牡丹。小兔皆仰首，或口衔灵芝，或口衔桂花。花纹全用挖梭工艺织成，故全部高出地子，具有很强的装饰性及立体效果。此妆花纱构图严谨，富有创意。用色艳丽古雅，织工细密精湛，为明代早期南京云锦织物的精品。

清雍正红色彩云蝠龙凤纹妆花缎龙袍料

| 故宫博物院藏 |

此为织成妆花缎袍料，采用挖梭的技法织蟒、凤纹，间饰五彩如意流云、石榴捧寿、暗八仙、杂宝及海水江崖纹。织工细腻，设色浓重鲜艳，纹样造型生动，富于变化，是南京云锦中妆花缎作品的典范之作。

织:《耕织图》,南宋楼璹原作,元代程棨摹

宋代《织机图卷》,明代夏厚摹,绢本

| 作者摄于山东博物馆 |

该作描绘了宋代缫丝织绸的生活生产情景,观之倍感亲切。恍惚之间,令人忘却这已是几百年前之事。

清代红地蔓草纹加金细锦

| 苏州丝绸博物馆藏 |

此件以红色为地，蓝、绿色为花纹主色调，在花纹包边处织有金线，增加了富贵奢华之感，工艺繁复细腻，显示出工匠高超的技艺。

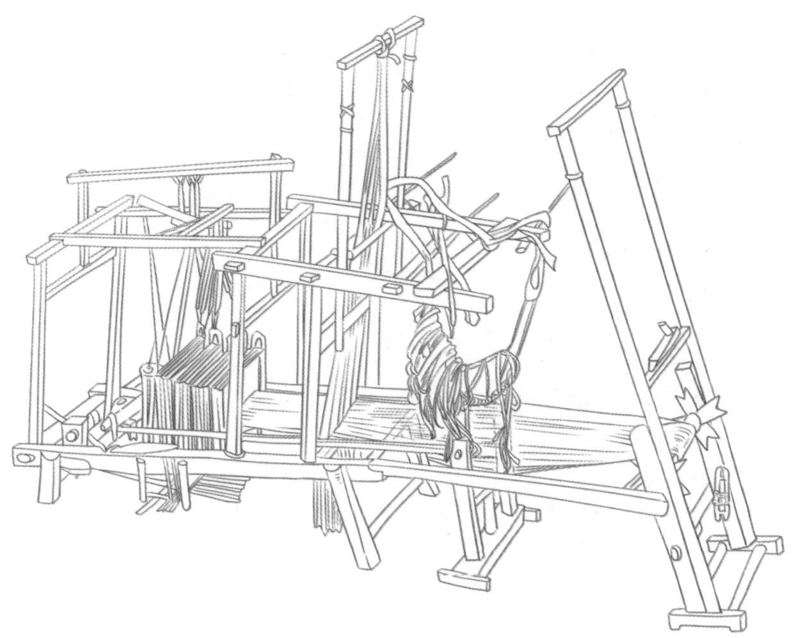

云锦织机复原[1]线图

| 王宪明　绘 |

1 参考中国丝绸博物馆图像资料绘制。

刺绣是中国民间传统手工艺之一。宋代刺绣技术高超，工艺繁杂。绣前先有计划，绣时度其形势，以使作品达到书画之传神意境，趋于精巧。元代绣品传世极少。明代刺绣始于嘉靖年间上海顾氏露香园，以绣传家，名媛辈出。顾绣针法主要继承了宋代完备的绣法，并加以变化，可谓集针法之大成。清代苏绣、蜀绣、粤绣、湘绣等各具特色，刺绣形成争奇斗妍的局面。清代中期刺绣花纹图案趋向小巧精细，有所创新。受西洋画影响，清代刺绣大多使用西洋花卉图案，用色艳丽豪华。

元代刺绣枕顶

| 王宪明　绘，原件藏于中国丝绸博物馆 |

该枕顶为一对，是在褐色绢制绣地上以白、浅绿等丝线绣出飞舞于花间的孔雀和玩耍于花枝下的松鼠。这一小件绣品绣工精致，生活气息浓郁。

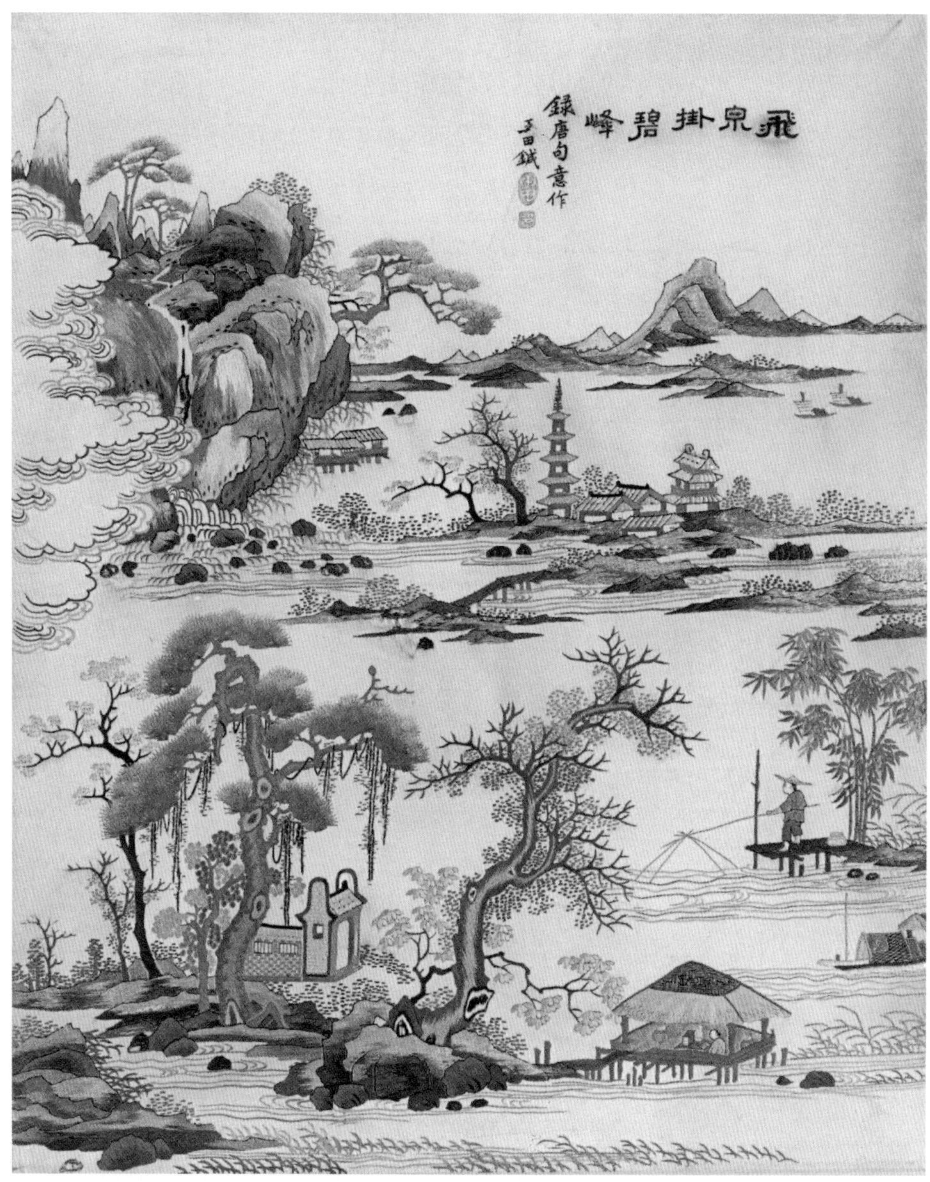

清代粤绣玉田绣渔读山水图镜心

| 故宫博物院藏 |

该图以工笔将远山近景层次鲜明地表现出来，恬静古朴的茅屋农舍，庄严肃穆的古刹，清幽的江水渔帆，迷蒙的远山云霭，天地之间，渔父书生各得其趣。此图反映粤绣针法繁复、穷其巧变的特点。全图以棕、褐、驼等色为主色调，配以深绿、浅绿、蓝色等，典雅古朴而又不乏鲜丽明快，体现了粤绣的配色特点。

浓香文锦图镜片：清代顾绣花鸟屏

丨上海博物馆藏丨

顾绣系明嘉靖三十八年（1529 年）松江府进士顾名世之子顾汇海之妾缪氏所创，是江南唯一以家族冠名的绣艺流派。顾名世次孙媳韩希孟善画，在针法与色彩运用上独具巧思，显著提高了这种绣法的艺术品格，顾绣由此又称画绣。其特点主要有三：第一，半绣半绘，以补色、借色见长；第二，用料奇特；第三，运用中间色化晕。韩希孟以这种绣、画结合的方法，穷数年心力摹绣宋元绘画名迹八幅（册页），为世所重。韩希孟创立画绣阶段是顾绣发展的初期，绣品多为家庭女红，世称韩媛绣，基本用于家藏或馈赠。韩希孟之后，顾氏家道中落，逐渐倚赖女眷刺绣维持生计，并广招女工，从此顾绣由家庭女红转向商品绣。目前，顾绣已入选国家级非物质文化遗产代表性项目名录。

清代顾绣三星图轴

| 上海博物馆藏 |

三星图轴以福禄寿三星为题，以表达美好的祝愿。福、禄、寿在民间流传为天上三吉星，“福”寓意五福临门，“禄”寓意高官厚禄，“寿”寓意长命百岁。

缂丝流行于隋唐，繁盛于宋代，采用“通经断纬”的织法，织物表面只显彩色的纬纹和单色的地纬，正反两面花纹和色彩一致。由于采用局部回纬织制，纬丝并不贯穿整个幅面，即花纹与素地及色与色之间呈小空或断痕，“承空观之，如雕镂之象”，故名缂丝，有“一寸缂丝一寸金”之说。宋代缂丝以名家书画题材为多，著名的作品有南宋沈子蕃缂丝梅鹊图轴与朱克柔缂丝莲塘乳鸭图。明清时期，除缂织书画、诗文、佛像外，还缂织袍服、屏风、靠垫等，尤以苏州缂丝最为精美。

元代缂丝天鹿云肩残片

| 罗铁家摄于中国丝绸博物馆 |

云肩图案多为几何形骨架，轮廓线内外图案不同，内部多为折枝花卉、海石榴、群龙戏珠、灵芝云纹、凤穿牡丹等纹样；外部则为折枝花、回首鹿、狮子、紫汤荷花等。图案彰显了汉、蒙古、伊斯兰三种文化的融通。

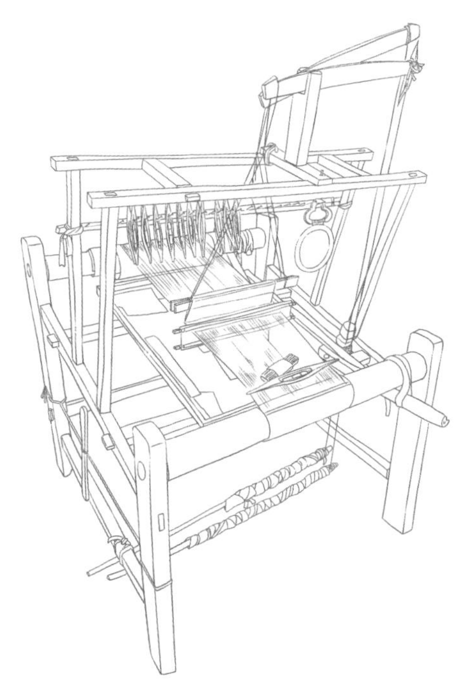

缂丝织机

| 王宪明　绘 |

缂织时先在织机上安装好经线，经线下衬画稿或书稿，织工透过经丝，用毛笔将画样的彩色图案描绘在经丝面上，再分别用长约十厘米、装有各种丝线的舟形小梭依花纹图案分块缂织。

南宋沈子蕃缂丝梅鹊图轴

| 故宫博物院藏 |

此织物很好地体现了原画稿疏朗古朴的意趣，画面生动，清丽，典雅，是沈子蕃为数不多的存世作品之一，也是南宋时期缂丝工艺杰出的代表作。

元代重要丝织品种纳石失，是一种用镂金法织成的织金锦。中国历史上游牧民族的贵族大都喜欢穿用织金锦做的服装。元代朝廷官服及帐幕等多用织金锦缝制。纳石失因其纹样很像波斯风格，被称为“波斯金锦”。元代在弘州（今河北阳原）和大都（今北京）等地设专局织造纳石失，以满足织金锦需求。元代的织金锦主要分为两大类：一类用片金法织成，另一类用圆金法织成。明清两代的织金锦、织金缎、织金绸、织金纱、织金罗等多种加金织物的出现，均因有纳石失奠定了技术基础。

纳石失靴套和六出地格力芬绫裤

| 中国丝绸博物馆藏 |

纳石失靴套一般穿在蒙古传统皮靴的上面。这对靴套面料是一件纳石失织金锦，一个循环内有三行纹样：第一行是一只飞鸟和立鸟，两者之间是一朵牡丹花；第二行是两只野兔，两者之间是一朵莲花；第三行是两只飞鸟，鸟后是一朵牡丹花蕾。该裤所用面料是花绫，纹样是六出地上六瓣团窠格力芬。

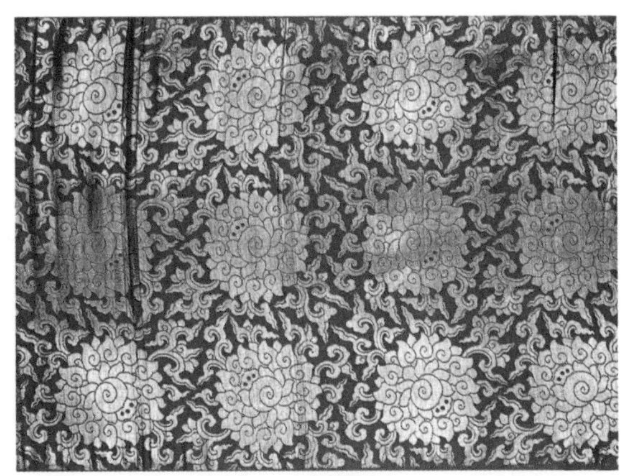

清代江宁织造月白色缠枝莲纹织金缎

| 故宫博物院藏 |

此织物花型硕大肥亮，具有西域特征，大块面的片金显花，光彩夺目。由于在花头的周边装饰有翻卷的藤蔓，因而整个画面不显呆板。淡黄金与月白的配色，华丽中透着淡雅。这种以金线为主体表现的织锦工艺渊源于元代的“纳石失”。

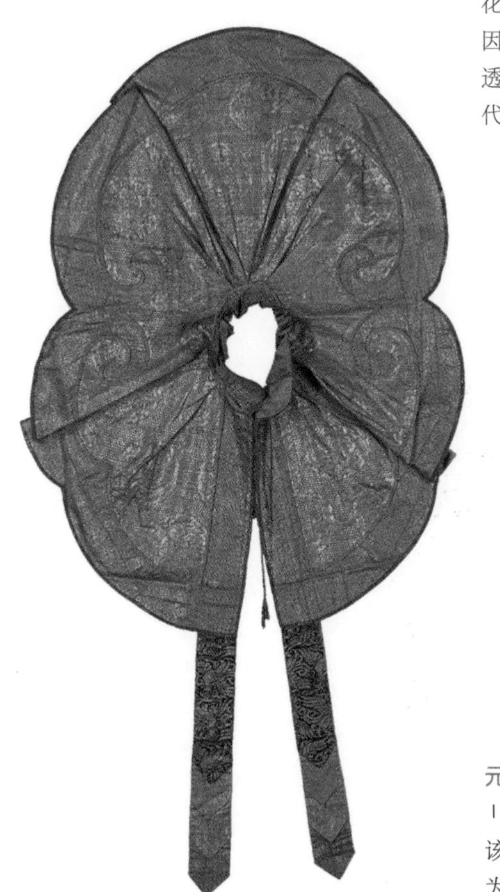

元代大红色龟纹地团龙纹片金佛衣

| 故宫博物院藏 |

该织物提花规矩，金线匀细，花纹光泽悦目，为元代纳石失织物中所罕见。

衮服又称“衮”，是古代皇帝及上公出席重大场合穿着的正装，与冕冠合称为“衮冕”，是中国古代最尊贵的礼服之一。皇帝在重大庆典活动，如祭天地、宗庙及正旦、冬至、圣节等穿着此礼服。中国传统的衮服由上衣下裳两部分构成，衣裳以龙、日、月、星辰、山、华虫、宗彝、藻、火、粉米、黼、黻十二章纹为饰，另外带有蔽膝、革带、大带、绶等配饰。

清康熙石青色缎缉米珠绣四团云龙纹银鼠皮衮服

| 故宫博物院藏 |

此衮服为皇帝的礼服。衮服圆领，对襟，平袖，左右及后开裾。衮服在石青色缎地上用珍珠、珊瑚珠及猫睛石缉缀四团云龙纹，纹样轮廓以白和月白色龙抱柱线勾勒。领、襟缀铜镏金錾花扣五。服内镶银鼠皮里。

补服也称为“补袍”或“补褂”，是一种饰有品级徽识的官服，与其他官服不同处在其服饰的前胸后背各缀有一块形式、内容及意义相同的补子。到了明代，代表官位的补服得以定型。从明代出土及传世的官补来看，其制作方法主要有织锦、刺绣和缂丝三种。早期的官补较大，制作精良。文官补子图案都用双禽，相伴而飞；武官则用单兽，或立或蹲。到了清代，文官的补子变成只用单只立禽，各品级略有区别。在中国古代服饰制度中，文武百官的补服最能反映丝绸与封建等级制度的密切关系。

清乾隆缂丝云凤纹方补

| 故宫博物院藏 |

按大清会典规定，清代文官用“飞禽”图案、武官用“走兽”图案缀于补服前后。具体规定如下：文官一品为鹤，二品为锦鸡，三品为孔雀，四品为雁，五品为白鹇，六品为鹭鸶，七品为鸂鶒，八品为鹌鹑，九品为练雀；武官一品为麒麟，二品为狮，三品为豹，四品为虎，五品为熊，六品为彪，七品为犀，八品为犀，九品为海马。

清道光石青色缂金云鹤纹方补夹褂

| 故宫博物院藏 |

此为清朝一品文官补服，石青色地，在前胸后背用三色圆金线缂织仙鹤，云水回纹边。三色金线捻制极细，织造细密。

清代补子缀鸟

| 中国丝绸博物馆藏 |

此盘金绣对鸟为清代文官方补上的标志，形似云雁，云雁为清代文官四品的补子。

清代，在江宁、苏州和杭州三处设立了专办宫廷御用和官用各类纺织品的织造局。江宁织造府是清代为制造宫廷丝织品专设在南京的衙门，其产品只供皇帝和亲王大臣使用，清初顺治二年（1645年）成立，光绪年间废止。江宁织造府在康熙帝主政下由曹家三代担任江宁织造时期最为兴盛。康熙帝六次下江南，其中五次住在江宁织造府。曹雪芹在《红楼梦》中对丝绸纺织品有大量描写，如锁子锦、妆花缎、蝉翼纱、轻烟罗、茧绸、羽纱、绛丝、弹墨、洋绉、西洋布、雀金呢、哆罗呢、氆氇、倭缎等，多不胜数。

江宁织造府复原图

| 作者摄于江宁织造博物馆 |

《红楼梦》主题绘画

| 罗铁家　摄 |

清代官机执照

| 罗铁家摄于南京博物院 |

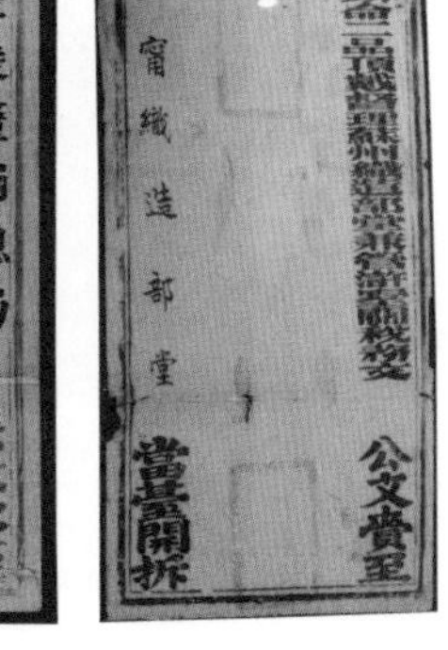

光绪二十四年金陵厘捐总局寄江宁织造部堂公文封套、光绪十四年十月苏州织造部堂寄江宁织造部堂公文封套

| 作者摄于江宁织造博物馆 |

宋元时期的缫丝工具南北有别，分为南北两大类，其中最大的区别是热釜和冷盆。络车在宋代已经定型，整经和做纬形成完整过程。

明代江南广为流传的缫丝工具主要由炉、灶、锅、钱眼、缫星、丝钩、转轮、曲柄轴、踏绳、踏板等部件构成，需由两人操作，基本由北缫车和冷盆相结合，成为后代缫丝技术的主流。当时，手摇缫车发展成脚踏缫车，并得到普遍应用，标志着手工缫丝机具的新成就。

清代的脚踏缫丝车制式沿用前朝，但比过去更重视缫丝技术与传统经验，以提高生丝产量和质量。清代土丝（与厂丝相对）共分为细丝、肥丝、粗丝三种。晚清，机器缫丝工业兴起，厂丝（与土丝相对）产量质量均得到很大提高，并用优点明显的蒸汽煮茧。

缫丝：《耕织图》，南宋楼璹原作，元代程棨摹

繅絲

採繭下。先剝去其外衣。入鍋煮之。以繭六七枚。各撈其頭。繅成一縷者。為細絲。以十二三枚繅絲一縷者。為粗絲。楚人繅絲用手車。不若吾浙脚踏車之靈活。人工亦省。惟踏車之藝。非可言傳。擬買絲車來。命家人親授。俾可傳習。又繅車下須用炭火一盆。帶繅帶烘。絲燥而白。不烘而聽其自乾。則其色黃。又煮繭不宜燒松柴。因松有烟煤。絲染其氣。色不明亮。尤不可不講也。

缫丝：宗景藩《绘图蚕桑图说》，吴嘉猷绘，光绪十六年

冷盆缫水丝图

热釜缫火丝图

脚踏纺车图

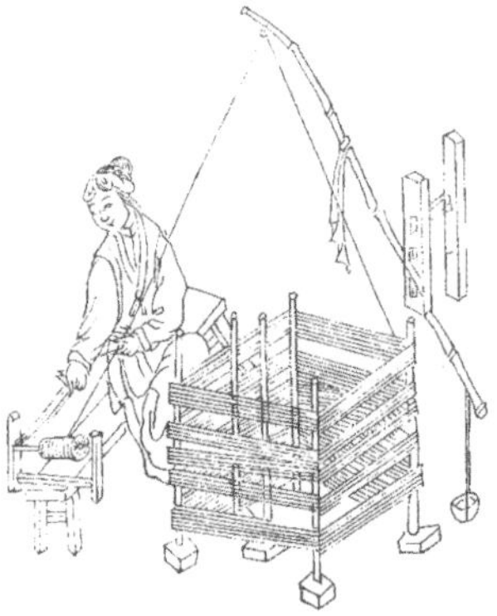

解丝络车图

纬车图

经丝图

纼丝图

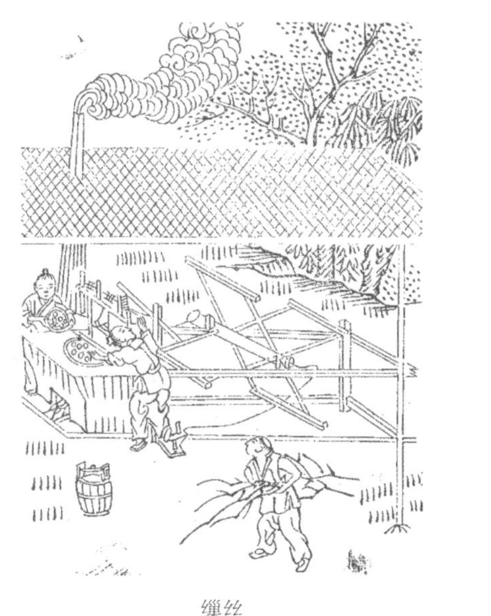

缫丝

制车

束捆

纺络

缫纺工序图：卫杰《蚕桑萃编》，浙江书局刊行，1900 年

備吾家好機杼豈知縣吏已催科不時揭去無餘紵迫索仍憂宿負多車乎車乎將奈何

熱釜

熱釜秦觀蠶書云繰絲自鼎面引絲直錢眼此繰絲必用鼎也今農家象其深大以盤甑按釜亦可代鼎故農桑直說云釜要大置於竈上（如蒸竈法可繰粗絲單繳者雙繳者亦可）釜上大盤甑接口添水至甑中八分滿可容二人對繰水須常熱宜旋旋下繭繰之多則煮損凡繭多者宜用此釜以趨速效詩云蠶家熱釜趁繰忙火候長存蟹眼湯多繭不須愁不辨時時頻見脫絲軠

热釜、冷盆、北缫车、南缫车：《王祯农书》，嘉靖九年山东布政司刊本

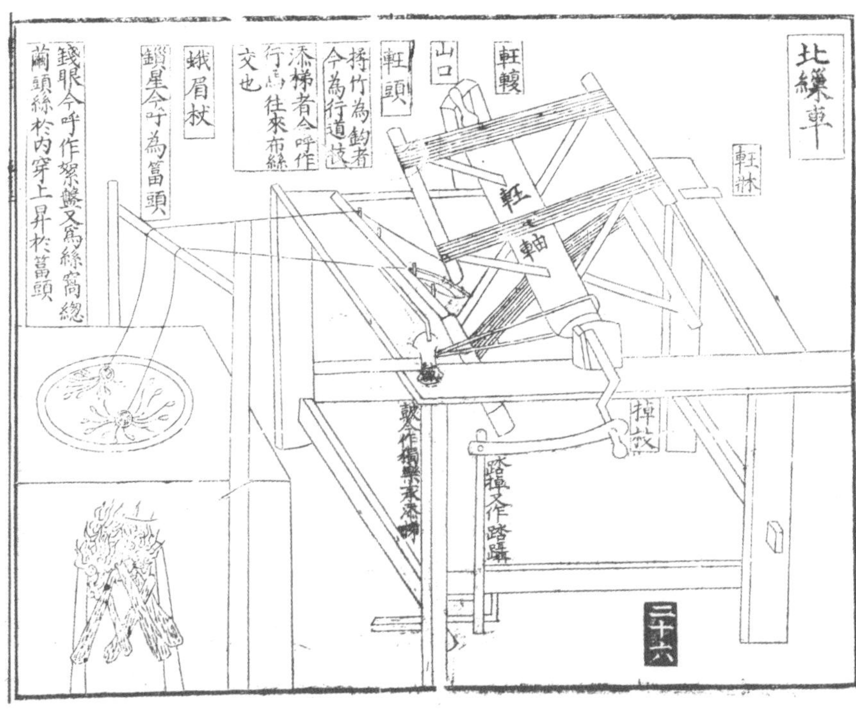
北繅車
軖牀
軖轅
山口
軖頭
捋竹為鉤者今為行道技
添梯者今呼作行馬往來布絲交也
蛾眉杖
鎖星今呼為笛頭
錢眼今呼作絮盤又爲絲竅總繭頭絲於內穿上昇於笛頭
軖
軸
二十六

南繅車

第四节 皇家重礼与禁忌习俗

中国古代耕织社会亲蚕礼是皇家重要的典礼，目的是为天下祈祷蚕神以获丰收。宋元明清时期，诗词、美术、工艺、装饰等创作中越来越多地融入蚕桑元素。蚕神崇拜是蚕乡风俗中重要的活动。至今，各地仍然延续着丰富多彩的蚕桑习俗。

周代，亲蚕礼是由皇后主持的国家大典。现存的先蚕坛原建于北京北郊，明嘉靖十年（1531 年）迁至西苑，清乾隆七年（1742 年）移建于北海东北隅。举行亲蚕礼仪式之前要祭祀先蚕神，典礼于农历三月择吉日举行，届时皇帝要到先蚕坛祭祀先蚕神西陵氏。此外，还举行皇后采桑礼。皇后等人将桑叶交给蚕妇喂蚕，蚕妇将选好的蚕茧献给皇后，皇后再献给皇帝、皇太后。之后再择吉日，皇后到织室亲自缫丝，染成朱绿玄黄等颜色，绣制祭服。

乾隆时期，颐和园兴建了耕织图、蚕神庙、织染局、络丝房、水村居等颇具江南特色的田园村舍。每年开春，这里都要举办男耕女织的农桑活动，由南方来的农家女负责采桑、养蚕、缫丝、织绸等。每年农历九月都要在蚕神庙祭祀蚕神，以保佑民生。

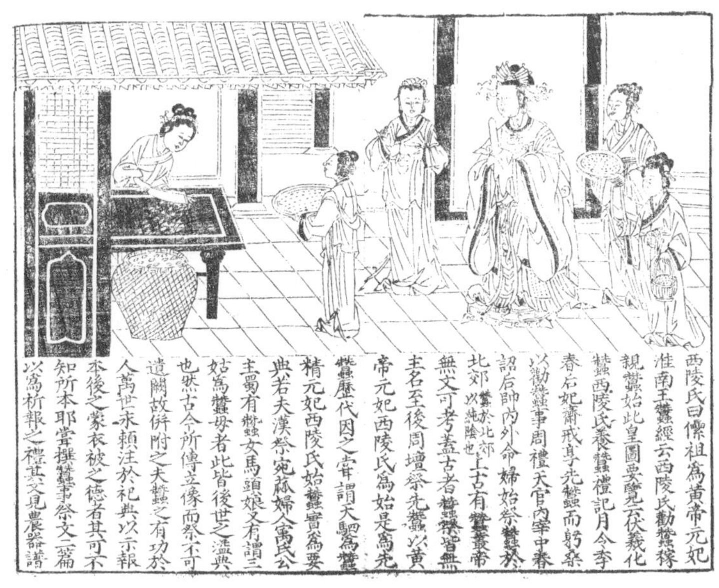
西陵氏曰儽祖爲黄帝元妃淮南王蠶經云西陵氏勸蠶稼親蠶始此皇圖要覽云伏羲化蠶西陵氏養蠶禮記月令季春后妃齋戒享先蠶而躬桑以勸蠶事周禮天官内宰中春詔后帥内外命婦始蠶於北郊蠶於北郊以純陰也上古有蠶叢帝無文可考蓋古者蠶桑皆無主名至後周壇祭先蠶以黄帝元妃西陵氏爲始是爲先蠶歷代因之嘗謂天駟爲蠶精元妃西陵氏始蠶實爲要典若夫漢祭宛窳婦人寓氏公主蜀有蠶女馬頭娘又有謂三姑爲蠶母者此皆後世之溢典也然古今所傳立像而祭不可遺闕故併附之夫蠶之有功於人萬世永賴注於祀典以示報本後之蒙衣被之德者其可不知所本耶嘗撰蠶事祭文二篇以爲祈報之禮其文見農器譜

皇后亲蚕图：《王祯农书》，嘉靖九年山东布政司刊本

《濯龙蚕织》图：《历朝贤后故事图》，清代焦秉贞绘，绢本设色

历史故事是清代宫廷绘画中的重要题材之一。《历朝贤后故事图》图册题材取自历代有良好德行的皇后、皇太后的故事。此图人物选自《后汉书・明德马皇后纪》：“内外从化，被服如一，诸家惶恐，倍于永平时。乃置织室，蚕于濯龙中。”画家绘此画册就是借她们的懿德来宣传封建的伦理纲常，给宫廷里的妃嫔们树立行为楷模。

诣坛

祭坛

诣坛、祭坛、采桑、献茧：《孝贤纯皇后亲蚕图》，乾隆九年清院本

孝贤纯皇后，又称富察皇后。1744 年，清廷举行祭先蚕神的典礼。祭礼程序繁缛，其中最有特点的是被称作“躬桑”的皇后采桑礼。当孝贤纯皇后行过第一次亲蚕礼后，乾隆皇帝即命宫廷画家绘制长卷“皇后亲蚕图”。

宋代诗词中有不少描绘蚕桑丝织景象的。苏轼《浣溪沙》写道："麻叶层层苘叶光，谁家煮茧一村香。隔篱娇语络丝娘。""簌簌衣巾落枣花，村南村北响缫车，牛衣古柳卖黄瓜。"辛弃疾《鹧鸪天》写道："陌上柔条初破芽，东邻蚕种已生些。"明清时期蚕丝业十分繁荣，读书人开始用笔墨记录蚕桑。清代诗人沈炳震、董蠡舟、董恂三人，撰写数十首《蚕桑乐府》，详细记录了从育蚕、护种、收茧、缫丝的全过程。此外，宋元明清时期，蚕桑丝织题材在美术、工艺、装饰等创作领域也得到不断拓展。

桑上寄生：《金石昆虫草木状》，明代文俶绘，万历时期彩绘本

乐府二十首：沈秉成《蚕桑辑要》，同治版本

清代棕竹股雕花边画蚕织图面折扇之一眠

| 故宫博物院藏 |

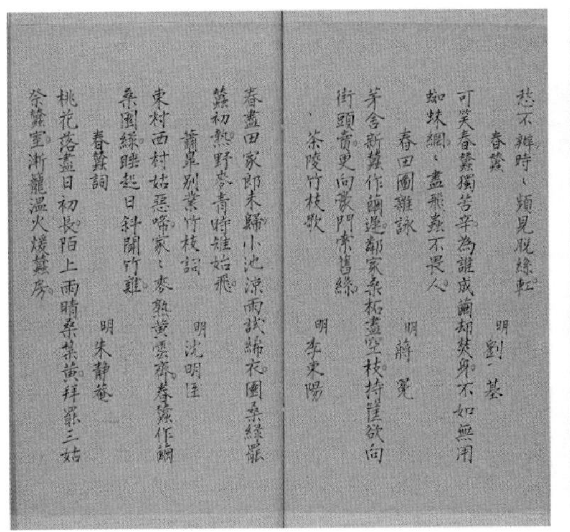

愁不辨時々頻見脫絲紅
春蠶　明　劉基
可笑春蠶獨苦辛為誰成繭却焚身不如無用
蜘蛛網々盡飛蟲不畏人
春田園雜詠　明　蔣冕
茅舍新蠶作繭遲鄰家桑柘盡空枝持筐欲向
街頭賣更向豪門索舊絲
、茶陵竹枝歌　明　李東陽
春盡田家郎未歸小池涼雨試絺衣園桑綠暗
蠶初熟野麥青時雉始飛
蘭皋別業竹枝詞　明　沈明臣
東村西村姑惡啼家々麥熟黃雲齊春蠶作繭
桑園綠映起日斜鬬竹雞
春蠶詞　明　朱靜菴
桃花落盡日初長陌上雨晴桑葉黃拜罷三姑
祭蠶室漸籠溫火煖蠶房

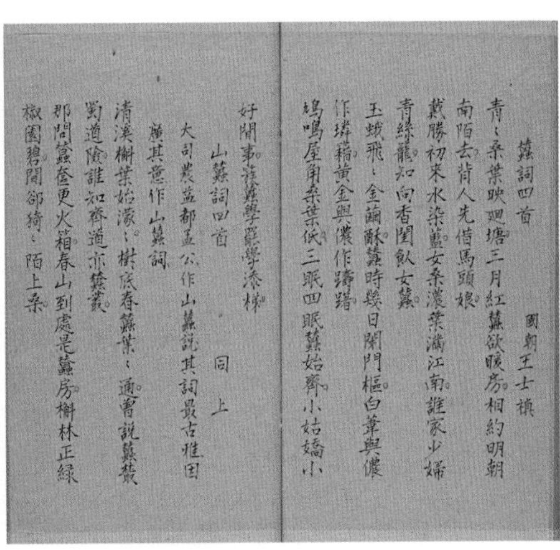

蠶詞四首　國朝王士禛
青々桑葉映迴塘三月紅蠶欲暖房相約明朝
南陌去背人先借馬頭娘
戴勝初來水染藍女桑濃葉滿江南誰家少婦
青絲籠知向香閨飼女蠶
玉蛾飛々金繭酥蠶時幾日閉門樞白葦與儂
作璘藉黃金與儂作躊躇
鵓鳴屋角桑葉低三眠四眠蠶始齊小姑嬌小
好閑事拾蠶學罷學添梯
山蠶詞四首　同上
大司農益都孟公作山蠶說其詞最古雅因
廣其意作山蠶詞
清漢槲葉始濛々樹底春蠶葉々通曾說蠶叢
蜀道險誰知齊道亦蠶叢
郡閤蠶奩更火箱春山到處是蠶房槲林正綠
椒園碧閣卻綺々陌上桑

有关蚕桑的诗词：崔应榴、钱馥《蚕事统纪》，雍正十三年，中国国家图书馆

樹桑百益目錄

桑白皮　桑實
桑皮白汁　桑柴火
桑椹　桑螵蛸
桑葉　桑蠹蟲
桑枝　桑蠹蟲糞
桑柴灰　緣桑螺
桑耳　栭
桑花　栭耳

樹桑百益

桑根白皮

脩治　凡使采十年以上向東畔嫩根，銅刀刮去青黃薄皮一重，取裏白皮切，焙乾用。其皮中涎勿去之，藥力俱在其上也。忌鐵忌鉛。或云木之白皮亦可用，煮汁染褐色久不落。

氣味　甘寒無毒。

主治　傷中。五勞六極。羸瘦。崩中絕脈。補虛益氣。○去肺中水氣。唾血熱渴。水腫腹滿臚脹。利水道。去寸白。可以縫金瘡○治肺氣喘滿。虛勞客熱頭痛。內補不足○煮汁飲利五臟。入散用。下一切風氣水氣○調中下氣。消痰止渴。開胃下食。殺腹臟蟲。

樹桑百益

子細嚼先嚥汁后嚥滓，新水送下，乾者亦可。小兒赤禿，桑椹取汁頻服。小兒白禿，黑椹入罌中，曝三七日，化為水，取之三七日神效。拔白變黑，黑椹一斤，科蚪一斤，瓶盛封閉，懸屋東頭一百日，盡化為黑泥，以染白髮如漆。髮白不生，黑熟桑椹水浸日曬，搽塗令黑，而復生也。陰證腹痛，桑椹絹包風乾，過伏天為末，每服三錢，熱酒下，取汗。

桑葉

氣味　苦甘寒有小毒（大明曰家桑葉煖無毒）

主治　除寒熱出汗○汁解蜈蚣毒○煎濃汁服。能除腳氣水腫。利大小腸○炙熟煎飲代茶止渴○煎飲利五臟。通關節。下氣。嫩葉煎酒服治一切風

口不歛，經霜黃桑葉為末敷之。穿掌腫毒，新桑葉研爛盦之即愈。湯火傷瘡，經霜桑葉燒存性為末，油和敷之，三日愈。手足麻木，不知痛癢，霜降後桑葉煎湯頻洗。

桑枝

氣味　苦平

主治　徧體風癢乾燥。水氣。腳氣。風氣。四肢拘攣。上氣眼暈。肺氣欬嗽。消食。利小便。久服輕身。聰明耳目。令人光澤。療口乾。及癰疽後渴。用嫩條細切一升，熬香煎飲。亦無禁忌。久服終身不患偏風。（一名桑法）

桑的药用：叶世倬《增刻桑蚕须知》之《树桑百益》，同治十一年冬月镌，中国国家图书馆

蚕桑一直都是中医药重要来源，许多蚕桑类物品适于药用，如桑白皮、桑叶、桑枝、桑葚、桑根、僵蚕、蚕沙、蛹虫草等。《神农本草经》《本草纲目》等医学古籍详细记载了蚕桑的药用价值。

"稍叶"或称"秒叶"，是一种桑叶买卖行为。明代朱国祯《涌幢小品》记载："湖之畜蚕者多自栽桑，不则豫租别姓之桑，俗曰秒叶。"《湖蚕述》载："叶之轻重率以二十斤为一个，南浔以东则论担，其有则卖，不足则买，胥为之稍，或作秒。"蚕农在桑叶买卖交易中，购买方应预先约定价格，然后等蚕毕贸丝后偿还，这种赊账的行为称为"赊稍"；预先谈妥价格，等到桑叶长成可以采摘时再交易，这种情况称"现稍"。

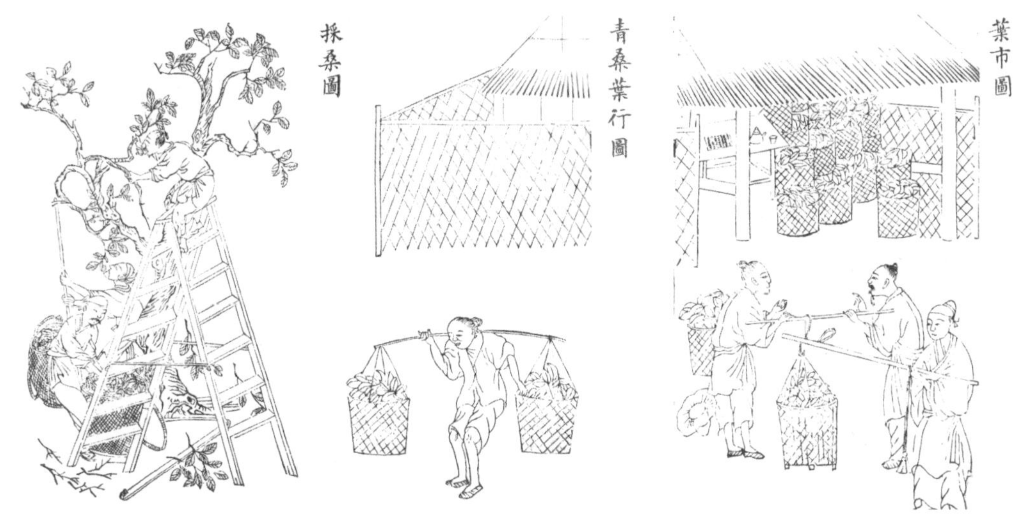

采桑图、青桑叶行图、叶市图：俞墉《蚕桑述要》，同治十二年刻本

养蚕过程还衍生了各种禁忌。诸如在养蚕前要打扫蚕房，清洗蚕匾，张贴用红纸剪成的猫、虎形剪纸等；在蚕室门上贴写有“育蚕”“蚕月知礼”等字的红纸，并谢绝相互走动与往来等。养蚕过程中的语言禁忌也十分普遍，诸如蚕不能叫“蚕”，要叫“宝宝”或“蚕姑娘”；忌讳说“跑了”“没了”“死了”等不吉语。蚕病有关的字词也禁忌，“亮蚕”“僵蚕”是蚕病，忌说“亮”“僵”。这些禁忌，虽笼罩着些许迷信色彩，但多有一定的根据，是古代劳动人民蚕桑生产劳动的经验之谈。

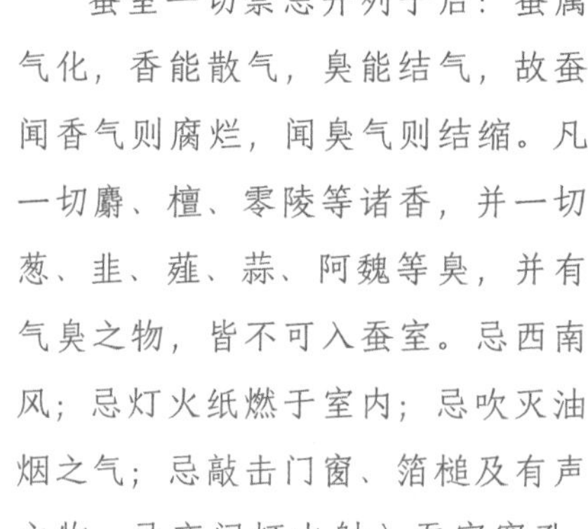

杨屾

《豳风广义》记载：

蚕室一切禁忌开列于后：蚕属气化，香能散气，臭能结气，故蚕闻香气则腐烂，闻臭气则结缩。凡一切麝、檀、零陵等诸香，并一切葱、韭、薤、蒜、阿魏等臭，并有气臭之物，皆不可入蚕室。忌西南风；忌灯火纸燃于室内；忌吹灭油烟之气；忌敲击门窗、箔槌及有声之物；忌夜间灯火射入蚕室窗孔；忌酒醋入室并带入喝酒之人；忌煎炒油肉；忌正热忽着猛风暴寒；忌侧近舂捣；忌蚕室内哭泣叫唤；忌秽语淫辞；忌正寒骤用大火；忌放刀于箔上；忌不吉净人入蚕室；忌水泼火；忌烧皮毛猪骨臭物；忌当日迎风窗；忌一切腥臭之气；忌烧石灰之气；忌烧硫黄之气；忌仓促开门；忌高抛远掷；忌湿水叶；忌饲冷露湿叶及干叶；忌沙燠不除。以上诸忌，须宜慎之，否则蚕不安箔，多游走而死。

蠶忌

蠶喜溫而愛潔。室宜高燥。前後有窗。晴暖開窗通氣。冷則閉之。燒炭火置室中。看蠶人身手皆宜潔淨。家中不宜動鑼鼓爆竹。不宜哭泣怒罵。不宜生人及凶服人入室。不宜染香臭及油腥氣。又須養貓防鼠。

蚕忌：宗景藩《绘图蚕桑图说》，吴嘉猷绘，光绪十六年

蚕神是民间信奉的掌管蚕桑之神，祭祀蚕神是蚕乡风俗中的重要活动。除祭祀嫘祖外，各地也根据风俗不同祭祀不同的蚕神，有“马头娘”“蚕母”“蚕花娘娘”“蚕姑”“蚕女”“蚕三姑”“蚕丝仙姑”“蚕皇老太”“蚕花五圣”“青衣神”等。民间供奉蚕神的场所也不相同，有的地方建了专门的蚕神庙、蚕王殿，有的地方在佛寺偏殿或所供奉的菩萨旁塑蚕神像。

蚕神庙在中国很多地区仍有分布，庙里通常供奉着五位蚕神牌位，主位为黄帝元妃西陵氏嫘祖神位，两侧为民间曾经供奉的蚕神，从东至西依次是：蚕姑神位、马头娘神位、菀窳妇人神位和寓氏公主神位。

蚕母像：北宋国安寺木刻套色版画

| 温州博物馆藏 |

画面以蚕母、蚕茧和吉祥图案为主，反映了北宋时期蚕神的形象和蚕茧丰收的情景。

祀先蚕图、谢先蚕图：杨屾《豳风广义》，宁一堂藏版，1740 年

海宁皮影马鸣王菩萨

| 罗铁家　摄 |

马鸣王菩萨[1]

| 王宪明　绘 |

马鸣王菩萨，民间又叫马明菩萨、蚕花娘娘、马头娘、蚕姑、蚕皇老太等，在传说中是一位身披马皮的仙女，是中国民间影响最大、流传最广的蚕神。马鸣王菩萨深深影响着中国人民的蚕桑生产和生活，堪称“世界丝绸之神”。

1　参考桐乡非物质文化遗产保护中心图像资料绘制。

江南蚕桑之家供奉的蚕神蚕姑像：《蚕姑宫》，清代山东潍坊“万盛”画店木版年画图样

| 王宪明　绘 |

水乡踏白船

| 王宪明　绘 |

传说农历三月十六是蚕花娘娘生日。这天，杭嘉湖地区的划船能手们组成赛船队，由最快到达终点的船队获胜。嘉兴三塔的踏白船活动，之前会在茶禅寺前祀蚕神，之后要在庙前谢蚕神。

蚕花年画《蚕花茂盛》

| 王宪明　绘 |

轧蚕花，是浙江湖州含山等地在每年清明庙会祭拜蚕神的习俗，每年从清明节开始，至清明第三天结束。传说蚕花娘娘化作村姑踏遍含山土地，留下蚕花喜气，得“蚕花二十四分”。因此，蚕民把含山作为“蚕花圣地”。

水上蚕花圣会

| 王宪明 绘 |

浙江桐乡洲泉双庙渚蚕花水会，是在水上举行的蚕花庙会，即水上蚕花圣会。桐乡自古就是蚕桑之乡，向来有信仰蚕神马鸣王的习俗。据传，双庙渚蚕花庙会源于南宋时期，宋高宗定都临安之后，为激励蚕农栽桑养蚕，封蚕神马鸣王为“马鸣大士”。庙会活动从清明节开始，先在龙蚕庙前殿祭祀四大天王、后殿祭祀马鸣王菩萨，然后将马鸣王神像从庙中移到船上，由各村参加迎会的船队对其进行朝拜。

海宁“蚕花五圣”[1]

| 王宪明 绘 |

接蚕花，春季在养蚕农户家中举行，仪式由赞神歌手诵唱“蚕花歌”，唱毕，女主人“接蚕花”。待到这家收茧缫丝时，举行“谢蚕花”祭祀，祭祀焚化蚕花纸、蚕花马幛（蚕神妈）。

---

1 参考云龙村委会图像资料绘制。

第六章

枯树新芽

近代以来蚕桑丝织的曲折与新生

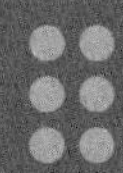

近代，中国蚕桑丝织的发展之路虽然荆棘遍布，但却在各个领域都开启了近代化历程。这体现在翻译西方技术书籍、发行报纸期刊、创办浙江蚕学馆、兴起蚕业试验场、经营继昌隆缫丝厂等诸多方面。清末，中国蚕丝出口受到日本、美国、欧洲市场的剧烈冲击，其行业逐渐萎缩。中华人民共和国成立以来，蚕桑丝织在教育、科研、文化、技术、产业、设计、文博、展览、交流等各领域均取得了巨大的成就。中国古老的蚕桑丝织文明再次焕发出了新的活力。

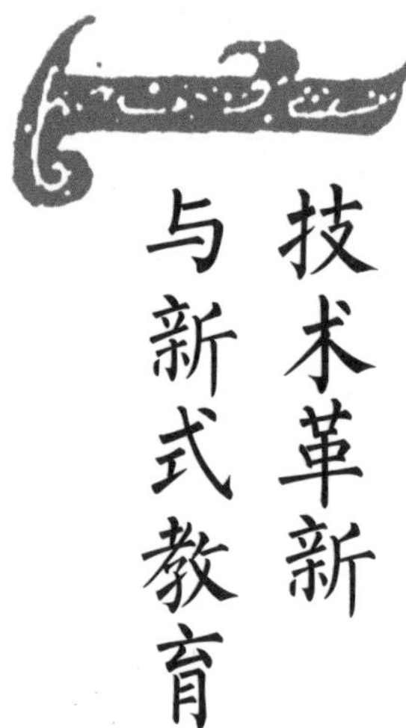

第一节 技术革新与新式教育

蚕学馆是近代最早的蚕业教育机构，其在培养人才与推广技术方面取得了成效，开启了全国蚕业教育机构大量创办的序幕，推动了全国蚕桑事业的发展。清末以来，不仅蚕桑领域完成技术革新，缫丝行业也逐渐近代化，丝织工厂生产效率提高，壮大行业公会的同时，也冲击了传统小农自然经济。

自清末至民国时期，养蚕浴种出现了多种方法，主要有天浴、盐水浴、灰水浴。太湖地区所出蚕书中记述的暖种，即是对蚕种进行催青。蚕病防治也从传统手段过渡到了技术防治蚕瘟（微粒子病）和脓病。另外，桑树繁殖、栽种和树型养成等技术都有不同程度的提高。直播、扦插、压条、嫁接等繁殖方法也都有了进步。

19 世纪末，蚕瘟蔓延。日本人学习法国技术，采用 600 倍显微镜逐一检验蚕种母体，淘汰带病蚕种，有效地控制了蚕瘟。而中国却面临着蚕瘟蔓延的危险，病蚕所产丝茧的质量越来越差，丝茧出口日趋减少，养蚕的利润被日本所夺。甲午战争后，一些爱国人士纷纷主张引进国外先进的养蚕技术，并借此逐步解决了蚕瘟造成的破坏问题。

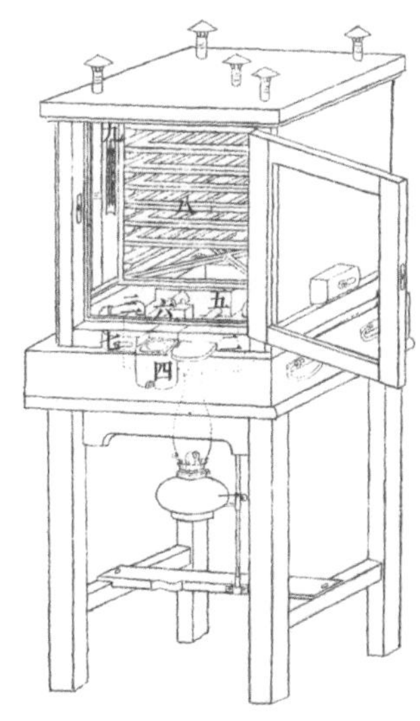

孵蚕卵器：日本农商务省《试验蚕病成绩报告第二》，藤田丰八译，罗振玉《农学丛书》第二集第九册，光绪年间江南农学会石印本

一洋灯，二火气室，三火气管，四注水口，五水管，六空气管，七排气孔，八卵置架，九检温器。

吴锦堂、倪绍雯《速成桑园种植法 · 蚕丝业普及捷法》，宣统二年

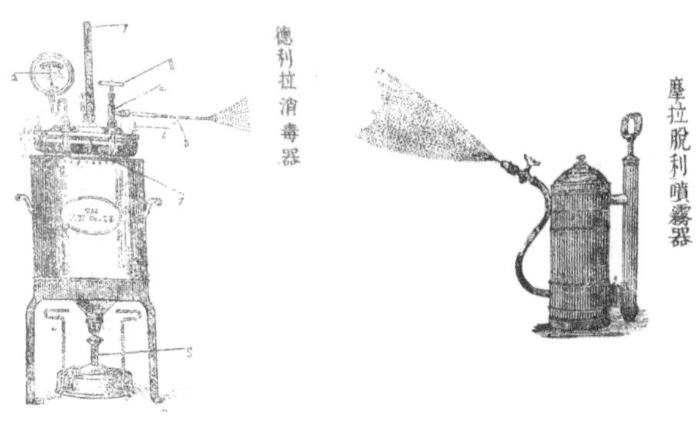

德利拉消毒器、摩拉脱利喷雾器：日本农学会《蚕病治毒病》，罗振玉译，《农学报》一九O卷

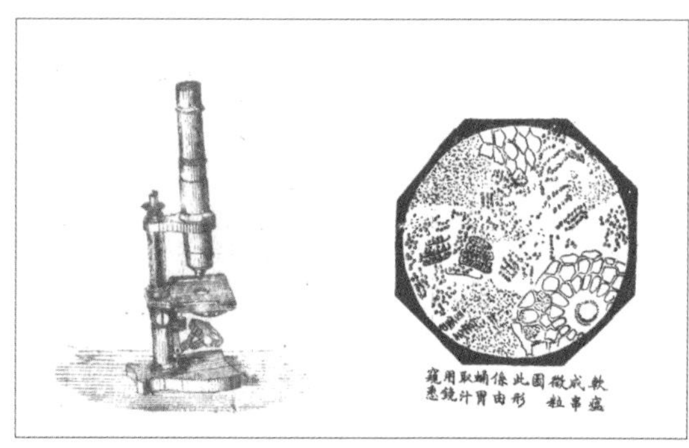

显微镜查看蚕瘟图：[法] 勒窝滂《喝茫蚕书》，罗振玉《农学丛书》第二集第九册，清代郑守箴译，光绪年间江南农学会石印本

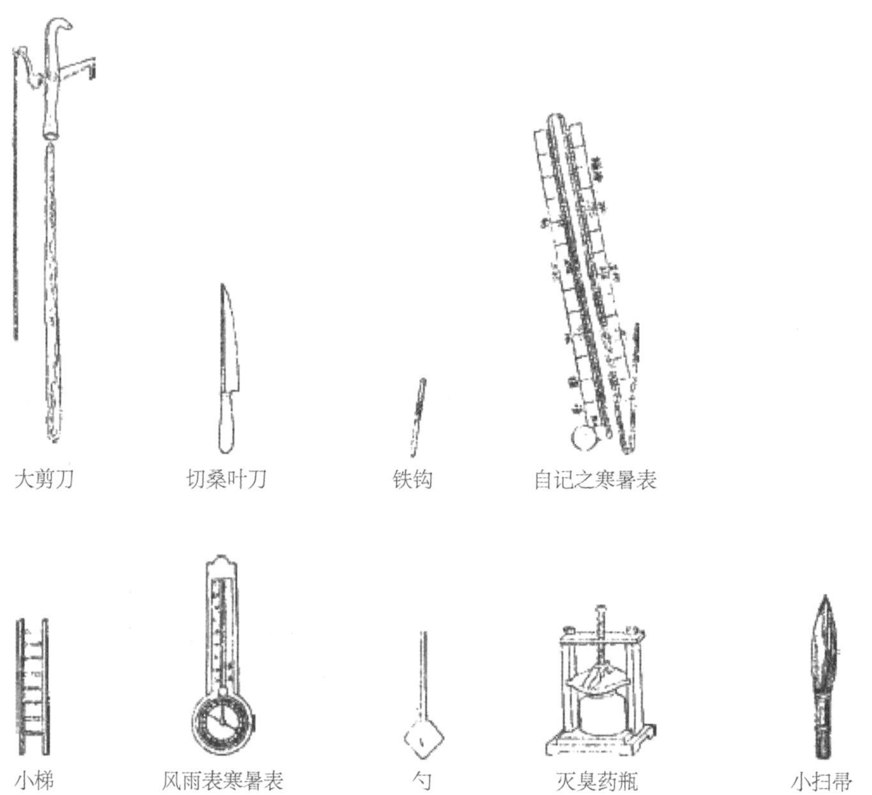

大剪刀　切桑叶刀　铁钩　自记之寒暑表

小梯　风雨表寒暑表　勺　灭臭药瓶　小扫帚

近代西式养蚕工具：[意] 丹吐鲁《意大利蚕事书》，汪振声笔述，袁俊德辑，富强斋丛书续全集，光绪二十七年小仓山房石印本

近代中国最早兴办的蚕业教育机构，是光绪二十三年（1897 年）由杭州知府林启创办的“浙江蚕学馆”。在其影响下，各地陆续兴办了一批蚕桑学堂、试验场等教育与推广机构。蚕学馆工作人员深入民间，检查土蚕种病毒，指导蚕农使用改良蚕种。蚕学馆的毕业生在很多地区推广养蚕新法，取得了成效。

浙江蚕业学校

| 作者摄于浙江理工大学档案馆 |

1905 年，湖北农务学堂创办了蚕科。此后，许多地区兴起了蚕桑教育，例如出现了上海私立女子蚕桑学堂及江苏女子蚕业学校。这些学馆和学堂为近代中国大学的蚕桑系构成了来源。

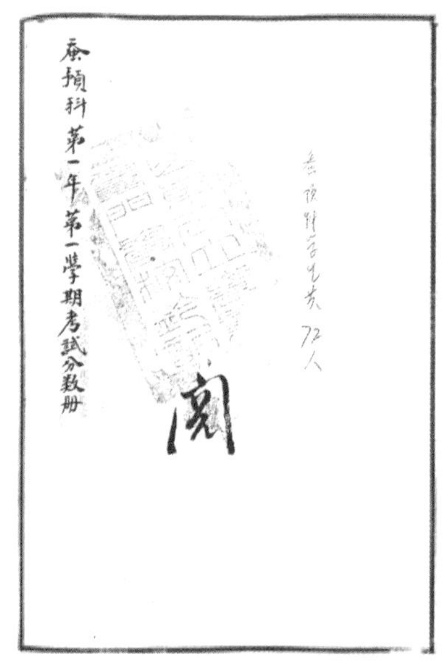

蚕預科第一年第一學期考試分數册

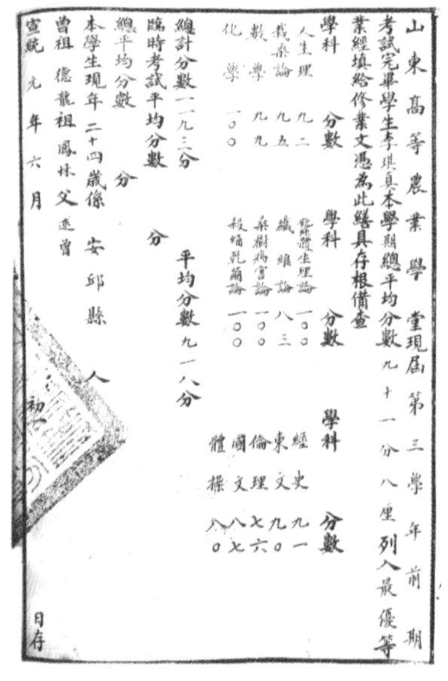

山東高等農業學堂現屆第三學年前期
考試完畢學生李琪真本學期總平均分數九十一分八厘列入最優等
業經填給修業文憑為此騐具存根備查

學科	分數	學科	分數	學科	分數
人生理	九二	蠶體生理論	一〇〇	經史	九一
栽桑論	九五	纖維論	八三	東文	九〇
數學	九九	桑樹病害論	一〇〇	倫理	七六
化學	一〇〇	殺蛹乾繭論	一〇〇	國文	八七
				體操	八〇

總計分數一一九三分　平均分數九一八分
臨時考試平均分數　分
總平均分數　分
本學生現年二十四歲係安邱縣人
曾祖德龍　祖鳳林　父逵曾
宣統元年六月初一日存

宣统元年山东高等农业学堂蚕预科成绩单

| 山东省档案馆藏 |

蚕学馆旧照：日本东京西原蚕业传习所清国视察员与蚕学馆师生合影，1898 年 11 月

蠶桑叢編

蠶務條陳　英國 康發達

蠶桑答問　朱祖榮

蠶桑實驗說　日本 藤田豐八

養蠶成說法　韓理堂

粵東治八蠶法　蔣斧

膿蠶　日本 井原鶴太郎

樗繭譜　鄭珍

湖蠶述 四篇　汪曰楨

吳苑栽桑記　孫福保

目录：《蚕桑丛编》，光绪年间刻本

1898 年，杭州、上海等城市出现了制造改良蚕种的机构。1906 年，清政府农工商部在北京设立了农事试验场中的蚕桑科，到民国时期改称为中央农事试验场。1918 年 2 月，上海正式成立了中国合众蚕桑改良会，这是中央级的蚕业试验推广机构。1934 年设立的蚕丝改良委员会是中央级蚕业试验推广的专职机构。1935 年，国民政府在南京成立中央农业实验所，其中也设立了蚕桑系。

近代中国已用电动机缫丝取代了脚踏手摇的方式，大大提高了生产效率。但最早的机器缫丝厂是英商怡和洋行于 1862 年在上海创办的纺丝局。陈启沅创办的南海继昌隆缫丝厂是中国人最早独立开办的机器缫丝厂，标志着中国缫丝工业进入了新的历史时期。20 世纪 30 年代初，环球铁工厂试制成功了国内最早的立式缫丝车。1937 年后，上海新建的厂以及原有的怡和丝厂等均已采用新型循环式煮茧机、剥茧机、立缫缫丝机。机器缫丝工业在中国逐渐兴起。

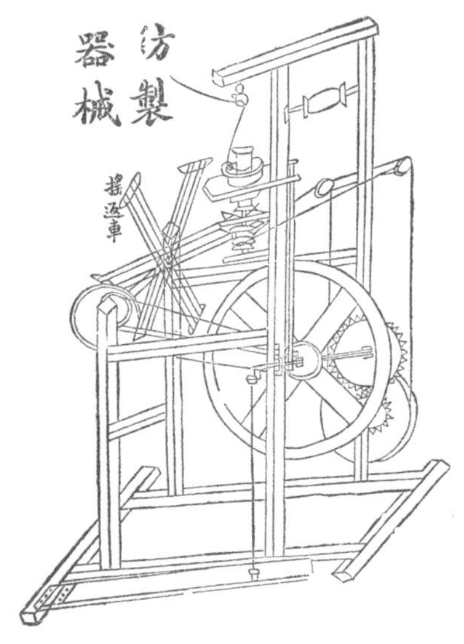

纺制器械：上海新学会社《屑茧纺丝论》，光绪三十四年

民国大和生丝厂包装纸

| 中国丝绸博物馆藏 |

大和生丝厂是广东丝业巨子岑国华在顺德桂洲开设的第一间缫丝厂。

浙杭振新织绸公司织款

| 中国丝绸博物馆藏 |

中国古代官营作坊都有物勒工名的传统，称作“织款”。该织款织有“浙杭振新织绸公司”“商标蚕桑牌”“新发明爱国绮霞缎”“本厂拣选最优等经纬监制真正头号”多排文字。

机汽单车图与机汽大偈图：
陈启沅《广东蚕桑谱》

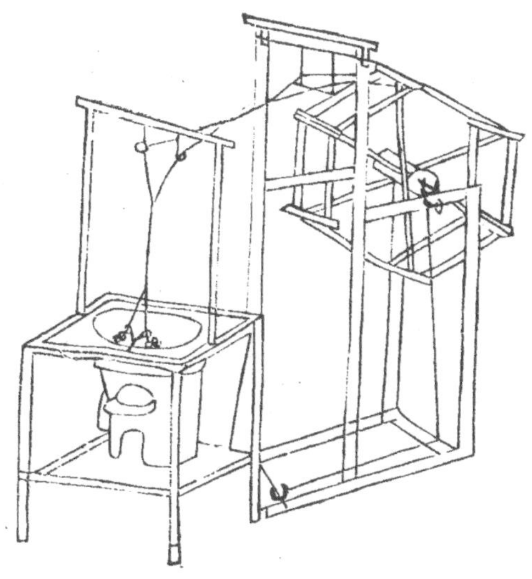

单车图

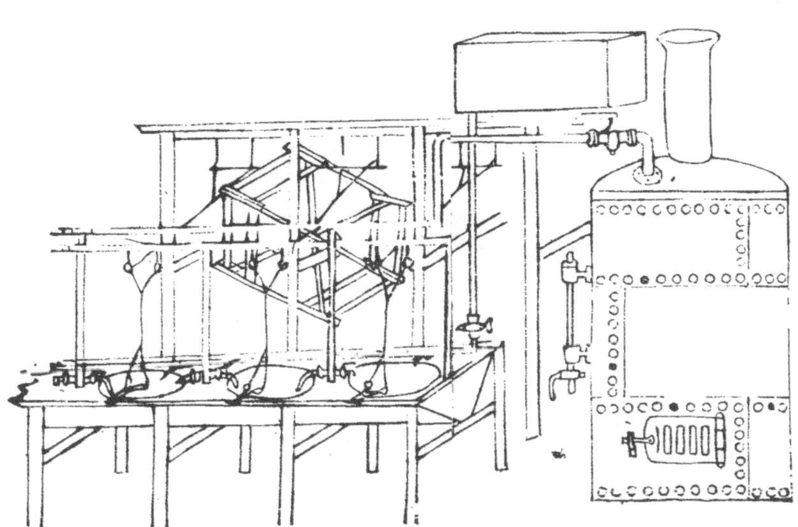

大偈图

辑里丝，原名七里丝，产于太湖流域浙江南浔镇、江苏盛泽镇一带，元末辑里湖丝就已开始生产。雍正初年（1723 年）之后，即有“辑里湖丝，擅名江浙”的记载。“七里”被雅化为“辑里”大概是南浔镇丝商所为，因“七”与“辑”发音相近，而“辑”又有缫织之意。在机器缫丝尚未盛行的时期，辑里丝的质量尤佳，具有“细、圆、匀、坚、白、净、柔、韧”八大优点，畅销海内外。

辑里缫丝车

| 中国丝绸博物馆展出 |

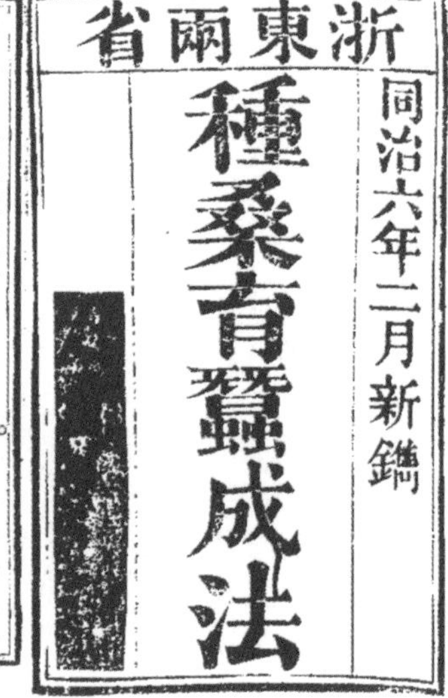

浙東兩省

同治六年二月新鐫

種桑育蠶成法

爲剴切示諭講求蠶桑以利民生事。照得農桑爲民生衣食之源。原屬並行不悖。乃縣屬鄉民祗知力穡。而講求蠶桑者十無一二。殊未盡地之利也。本縣生長吳興。深知蠶桑之利甚溥。茲承乏是邦。每於下鄉之便。察看地土。尚與種桑相宜。第恐民間於植桑育蠶之法。未得要領。故就平日所習聞。並參以湖南丁星勳大令蠶桑成法。棊輯成書。以示規則。第事在人爲。尤望吾民實力奉行。俾收成效。合亟剴切示諭。爲

《浙东两省种桑育蚕成法》刻本

明清以来，大量工商业会馆在中国涌现出来。拥有名甲天下的辑里湖丝的南浔，自然也有丝行业的会馆。南浔丝业会馆开始叫作南浔丝业公所，成立于清同治四年（1865 年）春，以收解捐税、维护丝商利益为宗旨。1916 年，丝业公所改称丝业公会，又叫丝业会馆。它是南浔商业组织中最早、实力最强的同业公会。

《春蚕》是著名作家茅盾先生创作的“农村三部曲”的第一部，发表于 1932 年 11 月《现代》第 2 卷第 1 期。小说记述了老通宝一家经过一个春天勤勤恳恳养蚕，收获的茧子颇丰，但由于战事影响，茧厂的大门紧锁，老通宝一家不得不把茧子送到无锡去卖，但市价被压得很低，导致他家不得不赔本卖掉那些上好的茧子，最后，还赔上一块桑田。小说通过对 20 世纪 30 年代初期江南农村蚕事丰收反而成灾的描述，揭示造成这一悲剧的社会根源是帝国主义经济侵略、地主和高利贷者层层盘剥、国民政府征收苛捐杂税等，真实地反映了当时江南农村经济破产和蚕农的悲剧命运。

湖州南浔丝业会馆

| 罗铁家　摄 |

会馆每年四月举办蚕王会，南浔镇的数百位丝业从业人员聚集在这里共同祭祀蚕神，祈祷蚕事兴盛，祝愿丝业生意年年兴隆。

第二节 柞蚕兴起与旅行游记

近代以来，柞蚕受海外贸易刺激，形成了生产、加工、贸易成熟体系。以烟台为中心的柞蚕丝贸易规模空前，行业迅速崛起，影响深远。清代，外国来华人员在游历中国之际，非常关注蚕桑丝织，撰写很多游记，对中国蚕桑丝织情况详细描述，给西方世界打开了中国蚕桑丝织文化窗口，促进了文化交流。

柞蚕之名始见于晋代郭义恭所著《广志》，“柞蚕食柞叶，民以作绵”，因放养在山野，又称山蚕或野蚕。其体绿色，以麻栎叶为食料，结褐色茧，其丝用以织绸。柞蚕作的茧，也叫作山茧。明代中后期，随着野蚕放养与加工技术的成熟，山东登莱青沂泰地区居民开始将其视为农村副业，并将茧绸制品进行贸易。茧绸是与家蚕丝绸相对的概念，是由野蚕丝织成的绸缎，异名有土绸、山绸、毛绸、大茧绸、槲绸、橒绸、椒绸、椿绸、府绸、柞丝绸。

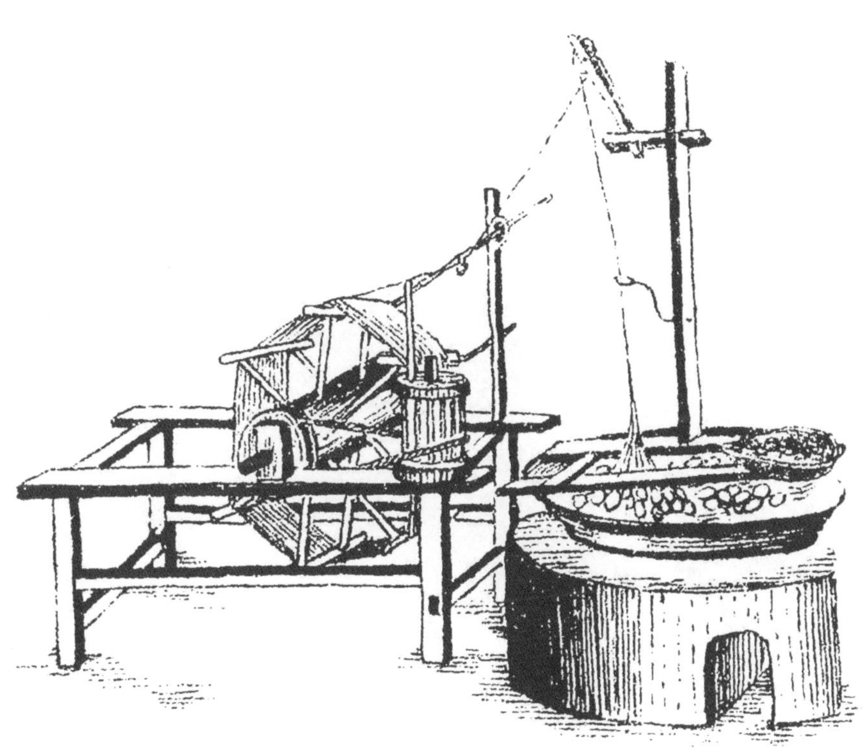

缫具：清代余铣《山蚕讲义》，宣统三年遵义艺徒堂书石印本

清代，茧绸贸易已经非常兴盛了。手工茧绸业集中于烟台附近的栖霞、昌邑、宁海等地。劝课官员开始将相关技术不断向河南、安徽、贵州、四川、陕西、东北三省等地区输出。清末民初，柞蚕所产的丝织品销售很广，成为出口生丝的重要种类。柞蚕仅指以柞树为食材的蚕类。山蚕的种类则更多，包括食用槲叶、橡叶、栎叶、柞叶、槲叶、椿叶、柘叶的蚕类，不可混淆。19 世纪末柞蚕传入日本，外国称柞蚕为中国柞蚕。

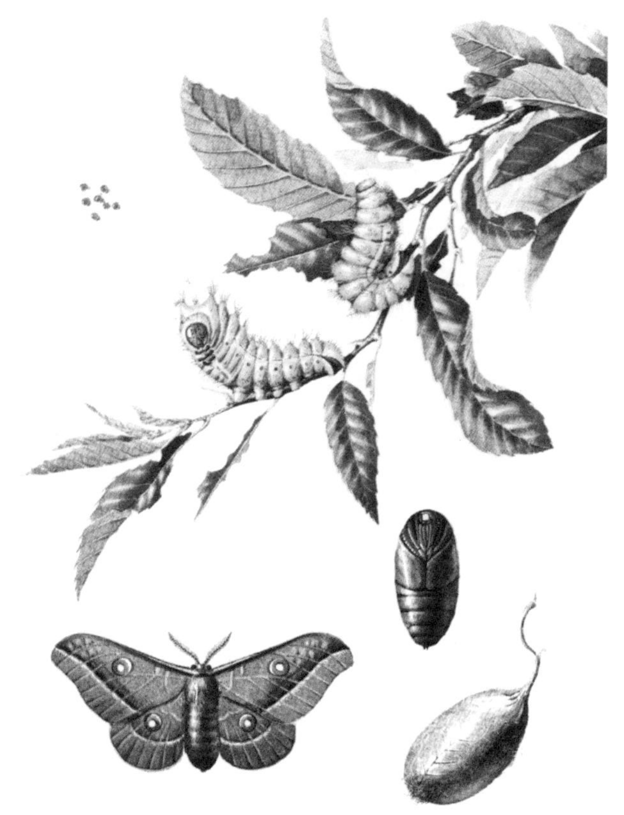

柞蚕的一生[1]

1 杨洪江，华德公. 柞蚕三书. 北京：农业出版社，1983（11）.

右柞枝枒每生子栗凡結子之樹為牝柞子所落處茁生新枝嚴桐有子之柞頗多乃土性使然北地子大南地子略小實同種耳

右北地曰柞南地曰白櫟又曰柴櫟山鄉一帶隨處皆有不獨嚴桐一處詩云維柞之枝其葉蓬蓬有堅韌之性質幹與栗同葉亦相類土人不識可育山蠶刊刈作薪

《劝办桐庐柞蚕歌》，清末刻本，浙江图书馆

清代以来，柞蚕因受海外贸易发展的刺激，形成了生产—加工—贸易的成熟体系。以山东烟台为中心的柞蚕丝贸易规模庞大，行业迅速崛起，影响深远。

1877 年，烟台开埠后德资“宝兴”洋行设立了缫丝局，由德国人哈根和盎斯共同出资共建。它是山东第一家机器缫丝厂，且专缫柞丝，缫丝机为法国“开奈尔”式，使用蒸汽动力。1882 年，缫丝局被迫停业，改由中德合办，重新招股。在李鸿章的大力推动下，各地海关道甚至动用关银入股，各地商人也纷纷入股。1885 年，烟台缫丝局因负债过多而再次歇业。第二年，李鸿章委任新任道台盛宣怀接手收购该厂，共支付白银 3 万两。1895 年，缫丝局租给华商“顺泰号”经营，改名为华丰行丝厂。到 1900 年，该厂已拥有法式缫丝机 550 台，雇工 2600 多人，日产丝 250 斤，具有相当规模。

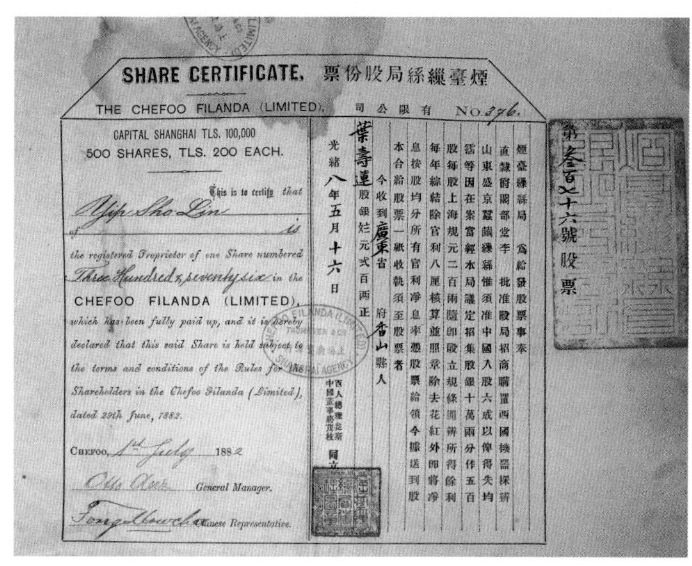

SHARE CERTIFICATE. 煙臺繅絲局股份票

THE CHEFOO FILANDA (LIMITED). 有限公司 No. 376.

CAPITAL SHANGHAI TLS. 100,000
500 SHARES, TLS. 200 EACH.

This is to certify that Yip Sho Lin of is the registered Proprietor of one Share numbered Three Hundred & seventy six in the CHEFOO FILANDA (LIMITED), which has been fully paid up, and it is hereby declared that this said Share is held subject to the terms and conditions of the Rules for the Shareholders in the Chefoo Filanda (Limited), dated 29th June, 1882.

Chefoo, 1st July 1882

Otto Anz General Manager.

Tong Mow Chee Chinese Representative.

煙臺繅絲局　爲給發股票事奉
直隷爵閣部堂李　批准設局招商購置西國機器採辦
山東盛京蠶繭繅絲惟須准中國入股六成以俾得失均
霑等因在案當經本局議定招集股銀十萬兩分作五百
股每股上海規元二百兩隨即設立規條開辦所得餘利
每年綜結除官利八厘核算並照章除去花紅外即將淨
息按股均分所有官利淨息率憑股票給領今據送到股
本合給股票一紙收執須至股票者
今收到廣東省　府香山縣人
葉壽蓮股銀規元弍百兩正
光緒八年五月十六日
西人總理盎斯
中國董事唐茂枝　同立

第叁百七十六號股票

山东烟台缫丝局股份票：彩样票，1882 年发行，中国人民大学博物馆

这是浓缩和见证中国近一百多年来政治、经济、文化、科技发展历史的中国实物股票，是目前存世量仅百余张的清代股票中，年代最久的第一张合资公司股票。

清代来华的外国人员在游历中国之际，非常关注蚕桑丝织，撰写了多部著作，对中国蚕桑丝织情况进行了详细描述，为西方世界打开了了解中国蚕桑丝织文化的窗口，进而促进了中外文化交流。

江浙的蚕桑丝织知识也被欧美旅行家传播到海外。1845 年 3 月至 5 月，麦都思游历江苏、安徽、浙江等地。他搭轮船去江浙蚕桑和茶叶产地，调查桑树的栽培技术、养蚕技术和采茶、制茶技术，写出《中国内地一瞥：在丝茶产区的一次旅行所见》一书，并由上海墨海书馆于 1849 年出版。书内的一些地图和版画以及一些著名蚕桑农书中的生产器具插图，极具历史价值。

近代，众多欧美人士对神秘的山东野蚕蚕桑技术颇感兴趣。上海及烟台开埠以来，随着口岸生丝海外贸易繁盛，山东白野丝、黄野丝、野生丝、茧蚕丝等大量出现于海关贸易。随着近代博物学的发展，西方对山东野蚕知识极度关注。

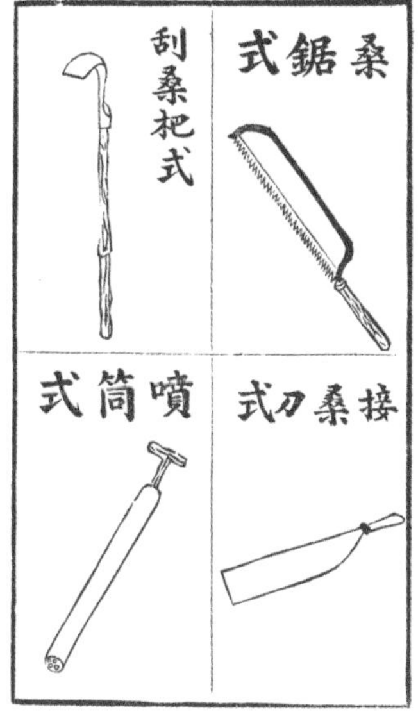

植桑修桑采桑工具：麦都思《中国内地一瞥：在丝茶产区的一次旅行所见》，上海墨海书馆，1849 年

法国博物学家福威勒分别于1875年出版《山东省：地理自然历史》，1895年出版《中国野蚕丝》。《中国野蚕丝》的内容包括历史、植物、昆虫、行业、丝绸五部分，是研究欧美学者早期认识山东野蚕的重要史料。该书在山东野蚕地区分布、种类辨别、技术发展、生产习俗等方面做了专业的翻译与描述，对提高大众认知以及知识传播很有意义。

法国传教士 **李明**

书信片言：

康熙初年，法国传教士李明在写给欧洲友人的书信里特别提到了柞蚕丝织成的山茧绸："除去我刚刚谈到的，欧洲也见得到的普通丝绸，中国还有另一种产于山东省的丝绸。取丝的蚕是野生的，人们到树林中去寻找这种蚕，我不知道是否可在家中饲养。蚕丝的颜色发灰，毫无光彩，以致不熟悉的人会错把用这种蚕丝织成的料子当成橙黄色的布料或最粗糙的毛呢；然而，这种料子却受到人们极大的喜爱，比缎子价格高许多，人称茧绸。茧绸经久耐用，质地质实，用力挤压也不会撕裂；洗涤方法同一般布料。中国人肯定地说，不仅一般污渍无损于它，甚至它还不沾油渍。"

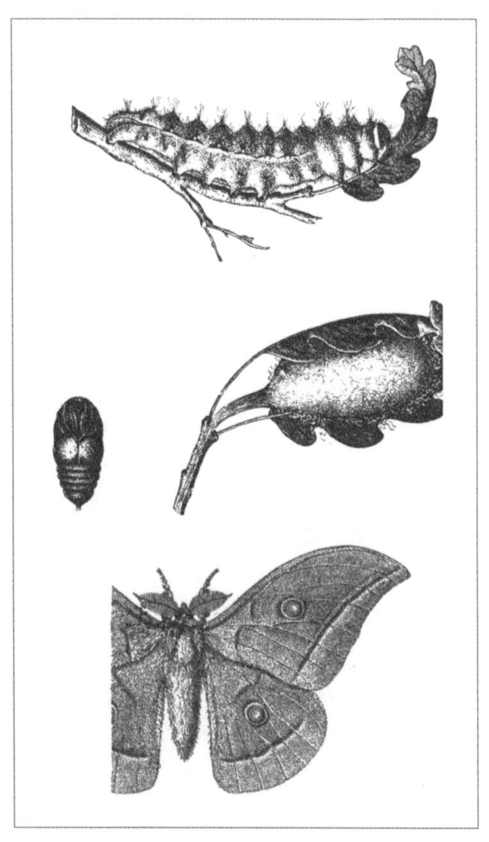

柞蚕

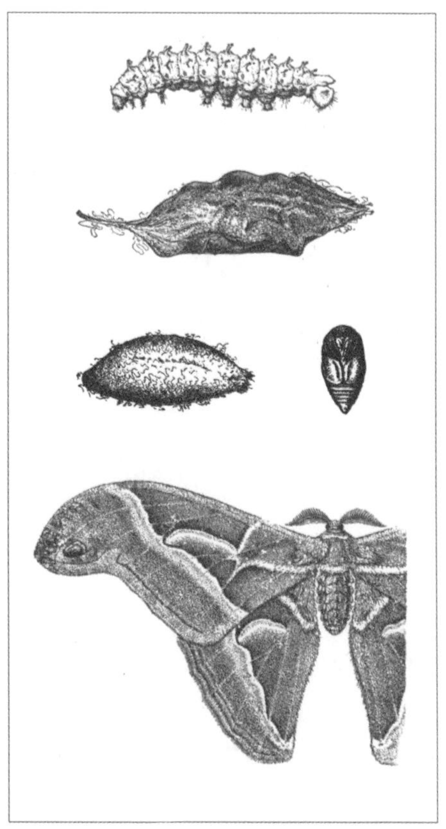

萼蚕

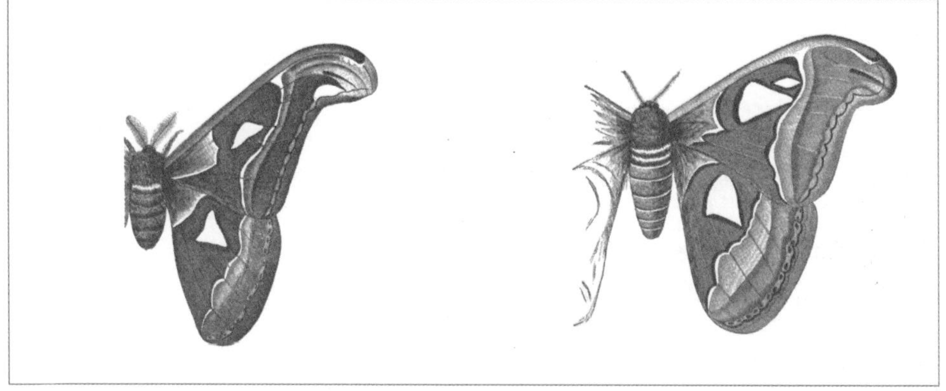

柏大蚕蛾

柞蚕、萼蚕、柏大蚕蛾的不同生长阶段：[法] 福威勒《中国野蚕丝》，印刷于巴黎，1895 年

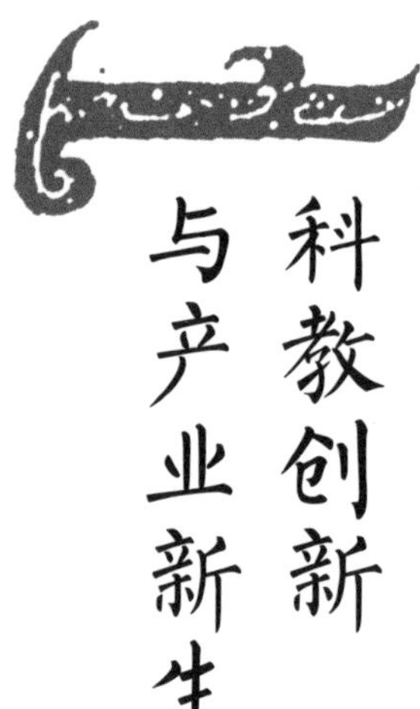

第三节 科教创新与产业新生

中华人民共和国成立以后，对蚕桑的历史研究从未间断，出现了几位知名的蚕桑史专家。他们引领该领域研究不断向前推进。蚕桑丝织类杂志的创办，吸引了很多学者关注蚕桑丝绸史，因而取得了丰硕的成果。此外，蚕桑丝织文化与产业也取得了巨大成就，促进了产业新生。

中华人民共和国成立以后，中国蚕业教育与科学研究快速发展。经过几代人努力，中国传统蚕桑丝织相关的历史与文化研究也不断推进，取得了丰硕成果。

郑辟疆校注《农桑辑要》

章楷《中国农业推广史略》

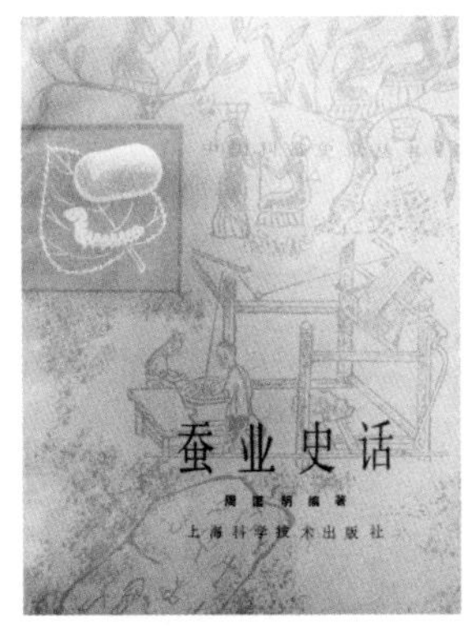

周匡明《蚕业史话》

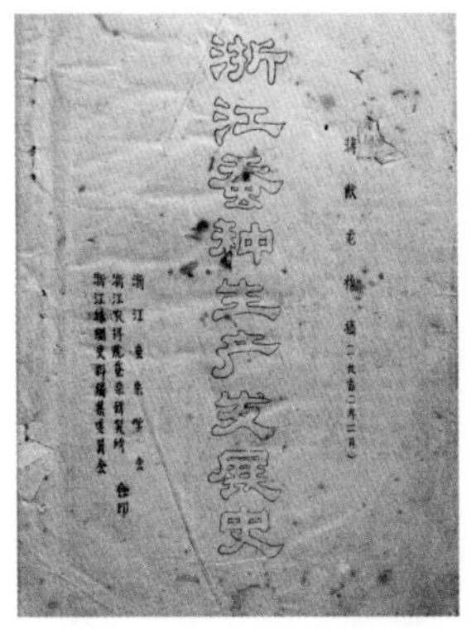

蒋猷龙《浙江蚕种生产发展史》

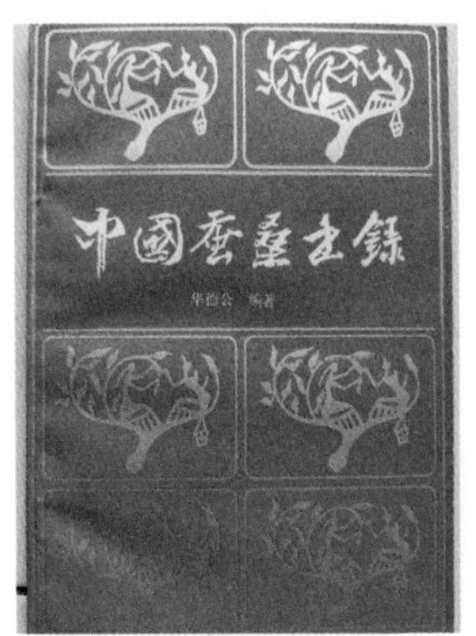

华德公《中国蚕桑书录》

郑辟疆是蚕丝教育家，1905—1917年先后在山东青州蚕丝学堂、山东省立农业专门学校任教，编纂了《桑树栽培》《蚕体生理》《养蚕法》《蚕体解剖》《蚕体病理》《制丝学》《蚕丝概论》等教科书，这是中国蚕丝教育最早的有系统的一套教科书。1918年郑辟疆任江苏省立女子蚕业学校校长，1950年该校与蚕丝专科学校合并为苏南蚕丝专科学校。郑辟疆晚年校译了《蚕桑辑要》《豳风广义》《广蚕桑说辑补》《野蚕录》等古籍，颇具影响。万国鼎是中国农史学科主要创始人之一，1920—1931年发表了《改进我国蚕业刍议》《我国蚕业概况》《蚕业史》《蚕业考》《中国蚕业书籍考》《中国之柞蚕业》《农桑撮要解题》等重要论文。蒋猷龙是浙江省农业科学院蚕桑研究所研究员。他著有《中国蚕业史》《浙江省蚕桑志》《浙江认知的中国蚕丝业文化》论述中国蚕丝业的多中心起源，撰写了“家蚕的起源和分化”。周匡明是中国科学院蚕业研究所研究员，著作有《蚕业史话》《中国蚕业史话》《蚕业史论文选》。周匡明在蚕桑史、丝绸史、蚕桑技术史等诸多领域有着重要的影响。章楷是中国农业遗产研究室研究员，编成《中国古代养蚕技术史料研究》《中国古代养蚕技术史料选编》，他在蚕业史研究中有重要影响。华德公是山东省蚕业研究所研究员，出版了中国首部古蚕书述评《中国蚕桑书录》，在古蚕书领域影响极大。

《丝绸》创刊于1956年，是由浙江理工大学主管，浙江理工大学、中国丝绸协会、中国纺织信息中心主办的丝绸行业期刊。1956年，由朱新予先生在杭州西湖畔筹划创办了《浙江丝绸工业通讯》，后曾改名《浙江丝绸》《丝绸情报》《丝绸通讯》，1964年正式定名为《丝绸》。《丝绸》主要专栏设有改革与管理、设计与产品、研究与技术、综述与译介、历史与文化、标准与测试等；《丝绸》在纺织技术、服饰、蚕桑丝绸文化等领域研究论文有很强的影响力。

《丝绸史研究》杂志创办于20世纪80年代，由浙江丝绸工学院主办。该杂志专门发表蚕桑丝织史论文，这也是目前为止仅见的蚕桑丝织史专业期刊。

“放风筝”设计稿[1]：黄能馥创作，20世纪50年代

| 王宪明　绘，原件藏于中国丝绸博物馆 |

1　参考黄能馥捐赠品图像资料绘制。

中华人民共和国成立以来，蚕桑丝织产业也迎来了新生，在植桑、饲蚕、缫丝、原料、设计、科研、生产、贸易、交流等环节都取得了新的成就，古老的丝绸焕发出新的光彩。从业人员不断精益求精，高端丝绸产品享誉世界，精美的丝绸制品也已成为普通大众的日常生活消费品。

蚕桑丝织文化的保护与传承日臻完善。目前，各地博物馆纷纷开设蚕桑丝织专门展区，借此为观众展示中国蚕桑丝织的历史与文化。各大博物馆经常组织的相关展览备受追捧，其社会影响力也日益增大。与此同时，还出现了一批以展览蚕桑丝绸为主题的博物馆，如中国丝绸博物馆、南京云锦博物馆、苏州丝绸博物馆、成都蜀锦织绣博物馆、柳疃丝绸文化博物馆、浙江理工大学丝绸博物馆等。其中，中国丝绸博物馆是中国最大的纺织服装类专业博物馆，也是世界最大的丝绸专业博物馆。其常年举办蚕桑丝织类展览，充分体现了中国丝绸在中外文化交流中的重要地位和中华民族的文化自信。

蚕桑丝织是中国的伟大发明，是中华民族认同的文化标识，对人类文明产生了深远的影响。蚕桑类文化遗产是人类非物质文化遗产，以及全球农业文化遗产的重要组成部分。2009 年，“中国蚕桑丝织技艺”被联合国教科文组织列入人类非物质文化遗产代表作名录。2018 年，“山东夏津黄河故道古桑树群”入选全球重要农业文化遗产。

自从野蚕驯化成家蚕以来，中国蚕桑丝织持续发展，养蚕技术不断成熟，桑树种类逐步增多，丝织技艺愈发精湛，风俗文化多姿多彩，并在历经数千年的不断累积与沉淀中，最终凝结成为中华文明一个独特的文化基因。与此同时，中国蚕桑丝织又保持了与东亚、中亚、南亚、西亚、非洲、欧洲、美洲等地区的交流，共同谱写了中华文明与世界文明的璀璨乐章。今后，中国人民将继往开来，对蚕桑丝织文化进行创造性转化和创新性发展。

主要参考文献

（一）书籍

［1］陈娟娟．丝绸史话［M］．北京：中华书局，1979．

［2］顾希佳．东南蚕桑文化［M］．北京：中国民间文艺出版社，1991．

［3］华德公．中国蚕桑书录［M］．北京：农业出版社，1990．

［4］姜颖．山东丝绸史［M］．济南：齐鲁书社，2013．

［5］李强，李斌，等．中国古代纺织史话［M］．武汉：华中科技大学出版社，2020．

［6］李奕仁．神州丝路行：中国蚕桑丝绸历史文化研究札记［M］．上海：上海科学技术出版社，2013．

［7］李喆．苏州蚕桑专科学校简史［M］．苏州：苏州大学出版社，2009．

［8］梁家勉．中国农业科学技术史稿［M］．北京：农业出版社，1989．

［9］林锡旦．太湖蚕俗［M］．苏州：苏州大学出版社，2006．

［10］刘克祥．蚕桑丝绸史话［M］．北京：社会科学文献出版社，2011．

［11］刘兴林．长江丝绸文化［M］．武汉：湖北教育出版社，2006．

[12] 陆星垣．中国农业百科全书：蚕业卷[M]．北京：农业出版社，1987．
[13] 舒惠国．蚕桑趣话[M]．北京：中国农业出版社，2007．
[14] 孙可为．绍兴丝绸史话[M]．北京：中国戏剧出版社，2011．
[15] 唐珂．农桑之光：中华农业文明拾英[M]．北京：中国时代经济出版社，2012．
[16] 唐志强，等．中华大典·蚕桑分典[M]．开封：河南大学出版社，2017．
[17] 唐志强．中华蚕桑文化图说[M]．北京：中国时代经济出版社，2010．
[18] 王翔．晚清丝绸业史[M]．上海：上海人民出版社，2017．
[19] 王翔．中国近代手工业史稿[M]．上海：上海人民出版社，2012．
[20] 王毓瑚．中国农学书录[M]．北京：中华书局，2006．
[21] 许鹏翊．柳蚕新编[M]．南洋印刷官厂代印，宣统元年七月．
[22] 杨虎，胡明．江南蚕桑生产与蚕俗文化变迁[M]．郑州：河南人民出版社，2013．
[23] 袁宣萍，赵丰．中国丝绸文化史[M]．济南：山东美术出版社，2009．
[24] 袁宣萍．浙江丝绸文化史[M]．杭州：杭州出版社，2008．
[25] 张保丰．中国丝绸史稿[M]．上海：学林出版社，1989．
[26] 张芳，王思明．中国农业科技史[M]．北京：中国农业科学技术出版社，2011．
[27] 张维刚．蚕桑丝绸古诗赋三百首注释[M]．北京：中国文史出版社，2016．
[28] 章楷．蚕业史话[M]．北京：中华书局，1979．
[29] 章楷．中国栽桑技术史料研究[M]．北京：农业出版社，1982．
[30] 赵丰，尚刚，龙博．中国古代物质文化史·纺织[M]．北京：开明出版社，2014．
[31] 浙江大学．中国蚕业史[M]．上海：上海人民出版社，2010．
[32] 中国农业博物馆．中国近代农业科技史稿[M]．北京：中国农业科学技术出版社，1996．

[33] 周匡明. 蚕业史论文选 [M]. 北京：中国文史出版社，2006.

[34] 周匡明. 中国蚕业史话 [M]. 上海：上海科学技术出版社，2009.

[35] 朱新予. 中国丝绸史通论 [M]. 北京：纺织工业出版社，1992.

（二）硕博论文

[1] 陈欣. 唐代丝织品装饰探究 [D]. 山东大学硕士论文，2010.

[2] 陈彦姝. 十六国北朝的工艺美术 [D]. 清华大学硕士论文，2004.

[3] 杜璠. 中国传统服饰文化网络传播内容的现状研究 [D]. 北京服装学院，2019.

[4] 何雨馨. 嫘祖故事（第一部分）中英翻译实践报告 [D]. 西南科技大学，2016.

[5] 黄丽明.《玉烛宝典》研究 [D]. 上海师范大学，2010.

[6] 刘杨志. 蒲城传统土布纺织工艺研究 [D]. 西安美术学院，2006.

[7] 龙博. 低花本织机及其经锦织造技术研究 [D]. 浙江理工大学，2012.

[8] 龙妙莎. 泸溪县辛女广场民俗风情浮雕墙设计 [D]. 湖南大学，2013.

[9] 孙金荣.《齐民要术》研究 [D]. 山东大学，2014.

[10] 张华. 孟子道德教育思想及其现代价值研究 [D]. 西北师范大学，2013.

[11] 郑晖. 园林中传统纹样装饰与工艺的关系研究 [D]. 北京林业大学硕士论文，2006.

[12] 周文军. 中国蚕业文化论 [D]. 苏州大学，2005.

（三）期刊论文

[1] 段明辉．什么是海上丝绸之路 [J]．海洋世界，2003（6）．

[2] 耿昇．法国学者对丝绸之路的研究．[J]．中国史研究动态，1996（1）．

[3] 管兰生．中国古代传统染缬艺术研究与分析 [J]．艺术教育，2011（1）．

[4] 蒋猷龙．关于《齐民要术》所载桑、蚕品种的研究 [J]．蚕业科学，1929（1）．

[5] 金少萍，王璐．中国古代的绞缬及其文化内涵[J]．烟台大学学报（哲学社会科学版），2014（3）．

[6] 卢华语．唐代长江下游蚕桑丝织业之发展 [J]．中国史研究，1995（1）．

[7] 陕锦风．丝绸之路上族群交往的多重展演——《撒拉族与丝绸之路民族社会文化研究》评介 [J]．青海民族研究，2015（4）．

[8] 尚民杰．冕服十二章溯源 [J]．文博，1991（4）．

[9] 孙占鳌．论河西魏晋墓画所反映的经济社会生活 [J]．丝绸之路，2015（8）．

[10] 王宪明．清代帝王与柞蚕产业 [J]．古今农业，2002（3）．

[11] 王中杰，梁惠娥．女书“田”字纹在现代女装设计中的应用 [J]．艺术与设计（理论），2013（9）．

[12] 卫思宇，张永军，李骊明．论新丝绸之路 [J]．西部大开发，2013（1）．

[13] 杨共乐．古代罗马作家对丝之来源的认识 [J]．北京师范大学学报（社会科学版），2011（3）．

[14] 殷晴．中国古代养蚕技术的西传及其相关问题 [J]．民族研究，1998（3）．

[15] 于孔宝. 古代最早的丝织业中心——谈齐国“冠带衣履天下”[J]. 管子学刊, 1992(2).

[16] 赵雪野. 从画像砖看河西魏晋社会生活[J]. 考古与文物, 2007(5).

[17] 周娟妮. 汉晋时期祥瑞物品的考古发现与趋避风俗研究[J]. 遗产与保护研究, 2019(1).

[18] 周匡明, 刘挺. 夏、商、周蚕桑丝织技术科技成就探测(二)——甲骨文揭开华夏蚕文化的崭新一页[J]. 中国蚕业, 2012(4).